高等教育新工科电子信息类系列教材

智能感知电路系统设计

Design of Intelligent Sensing Circuit System

主　编　杨兴华　乔　飞

副主编　刘哲宇　贾凯歌　许　晗

　　　　李　钦　刘明楷　阙浩华

参　编　蔚清洋　姜劭涵　林弘毅

U0379757

西安电子科技大学出版社

○ **内容简介** ●

　　本书系统地介绍了智能感知电路系统的关键技术、相关原理和实现过程，并对本领域未来的发展方向进行了展望。

　　全书共 6 章，内容包括智能感知电路系统综述、嵌入式智能感知电路系统设计、基于近似计算技术的智能感知电路系统、基于近传感技术的智能感知电路系统、基于感算共融技术的智能感知电路系统，以及智能感知电路的误差补偿和混合精度片上系统设计。

　　本书可作为普通高等院校电子信息、电气工程、计算机等专业及相关专业的本科生教材，也可作为从事智能传感器设计和低功耗高性能智能感知电路系统研究的研究生教材，还可作为智能感知技术领域的科研工作者及工程技术人员的参考书。

图书在版编目(CIP)数据

智能感知电路系统设计 / 杨兴华，乔飞主编 . -- 西安：西安电子科技大学出版社，2023.12
ISBN 978-7-5606-7113-0

Ⅰ. ①智… Ⅱ. ①杨… ②乔… Ⅲ. ①数字电路—系统设计 Ⅳ. ① TN79

中国国家版本馆 CIP 数据核字 (2023) 第 231795 号

策　　划　吴祯娥
责任编辑　张　存　武翠琴
出版发行　西安电子科技大学出版社 (西安市太白南路 2 号)
电　　话　(029)88202421　88201467　　　　邮　　编　710071
网　　址　www.xduph.com　　　　　　　　电子邮箱　xdupfxb001@163.com
经　　销　新华书店
印刷单位　陕西天意印务有限责任公司
版　　次　2023 年 12 月第 1 版　　2023 年 12 月第 1 次印刷
开　　本　787 毫米 × 1092 毫米　1/16　印　张　11
字　　数　256 千字
定　　价　43.00 元
ISBN 978-7-5606-7113-0 / TN
XDUP　7415001–1
*** 如有印装问题可调换 ***

前　言

随着科技的迅速进步和应用领域的不断扩大，智能感知电路系统已经成为各类产品中的关键组成部分。本书的写作背景正是源于不断发展的人工智能技术和对智能感知电路系统设计的迫切需求。为了满足这一需求，我们意识到需要一本全面而实用的指导性书籍，以帮助相关专业的学生和研究人员深入了解智能感知电路系统的设计原理和实施方法。我们的团队深入研究了智能感知电路系统的发展趋势和应用场景，调查了不同行业中的先进案例，并与专业从业者进行了广泛的讨论和交流。通过这些努力，我们收集到了大量有关智能感知电路系统设计的优秀实例，为本书的写作提供了坚实的基础。此外，我们还参考了相关领域的研究论文、技术文档和行业报告，以确保本书内容的准确性和权威性。我们致力于将最新的研究成果和实践经验融入本书中，使读者能够紧跟行业的最新发展动态。

全书共分为 6 章。第 1 章对智能感知电路系统设计进行概述，内容涵盖了智能感知电路系统的基本概念、实现过程、算法与电路系统设计之间的关联，以及低功耗高性能电路设计的特点，还对智能感知电路系统未来的发展方向进行了展望，探讨了可能的研究重点和技术趋势。基于第 1 章的概述，读者能够对智能感知电路系统设计有一个整体的认识。第 2 章专注于嵌入式智能感知电路系统设计，针对不同平台 (如微控制器 (MCU)、嵌入式 Linux 和机器人等) 进行了系统的梳理和分析。第 3 章从近似计算单元、近似存储和优化设计方法三个方面介绍了近似计算技术在智能感知电路系统中的应用。第 4 章详细介绍了近传感技术，以及该技术在智能感知电路系统中的应用。第 5 章介绍了感算共融技术，该技术使电路系统的结构更加紧凑，将传感和智能处理紧密结合，能够实现更高的能效提升。第 6 章探讨了算法和硬件电路设计在智能感知设计领域的应用，包括模拟信号处理电路的误差补偿技术和层次化混合精度感算共融片上系统。

本书的特色如下：

(1) 本书按照由浅入深的逻辑顺序，全面梳理、科学编排，内容丰富，理论联系实际。读者能够通过本书快速对智能感知电路系统设计有全面深入的理解，这对有志于深入相关研究领域的读者有较强的科学和学术引导价值。

(2) 本书系统介绍了智能感知电路系统的关键技术、相关原理和实现过程，具有较强的前瞻性和实践性。

(3) 本书内容全面新颖，语言通俗易懂，涵盖了"传感器电子学"和"高频电子电路"的相关知识。

(4) 本书践行"立德树人"教育观，通过精心提炼各章节的思政要点，将课程思政内容有机地融入相应课程项目中，将课程思政内容切实落实到教材的具体教学内容中。

(5) 本书相关章节拓展思考的答案是以二维码的形式呈现的，读者可扫码获取。

(6) 本书提供各章节的思维导图，读者可以通过扫描二维码获取。思维导图对教材内容进行了提炼，有助于学生快速、准确把握本书内容。

杨兴华和乔飞两位老师作为主编，对本书进行了全面的规划并完成了主要的撰写工作；刘哲宇、贾凯歌、许晗、李钦、刘明楷、阙浩华作为副主编，对本书的部分章节进行了详尽的补充和编辑工作；蔚清洋、姜劭涵、林弘毅作为参编，对本书相关资料进行了整理和校对工作。同时，与本书相关的研究内容和成果得到了国家自然科学基金委员会"后摩尔时代新器件基础研究"重大研究计划重点项目 (92164203)、国家自然科学基金重点项目 (62334006)、新疆维吾尔自治区重点研发计划项目 (No.2022B01008)、清华大学－宁夏银川水联网数字治水联合研究院专项统筹重点项目 (SKL-IOW-2020TC2003) 支持，低功耗芯片技术研发和测试平台得到了每刻深思智能科技 (北京) 有限责任公司支持，在此一并感谢。

由于编者的水平有限，书中难免有不妥之处，敬请读者提出宝贵意见，以便于本书的修订和完善。

编　者
2023 年 6 月

思维导图

拓展思考参考答案

目 录

第 1 章　智能感知电路系统综述

　　随着人工智能科技的迅猛发展，智能装置和系统不断走进人们的视野，人们对终端智能性的需求也日益高涨。在不间断运行的智能视觉感知系统中，图像传感器不再仅仅是执行用户指令进行拍摄的设备，更充当了视觉感知的界面，可实现无触碰的人机交互以及持续的智能监测，广泛应用于智能家居、传感节点、虚拟现实、可穿戴科技等多个领域。由于嵌入式终端依赖有限的电池能源，持续的感知和处理将对能源供给造成巨大压力，令嵌入式终端难以持续执行这种高能耗的任务。因此，如何降低感知通道的能源消耗，成为克服不断感知型智能感知系统能源瓶颈的关键。本章将从智能感知电路系统的基础概念出发，深入探讨智能感知电路系统的实现步骤，探索算法与电路的融合设计，以及开发低功耗高性能智能感知电路系统的详尽过程。通过本章的学习，读者将构建起智能感知电路系统的完整认知框架，并深刻理解其中的关键要素。

1.1　智能感知电路系统的基本介绍

　　智能感知电路系统是一种集成了智能感知算法技术和电路系统技术的新型系统。从系统组成的角度看，其基本要素包含智能感知算法、传感器、低功耗高性能传感器计算芯片和通信模块。从技术发展的角度看，智能感知电路系统经历了嵌入式计算、近似计算、近传感计算和感算一体四个阶段的发展，且技术发展过程由粗到细，不断升级并挑战智能感知电路系统的设计极限。

1.1.1　智能感知算法

　　智能感知算法是一种基于人工智能技术的算法，通过对大量数据的分析和学习，可自动发现模式和规律，实现智能感知和决策。下面简要介绍几种智能感知算法。

1. 机器学习算法

　　机器学习算法是智能感知算法的重要组成部分，可以实现对数据的自动分类、聚类、预测等功能。机器学习算法通常包括监督学习、无监督学习和半监督学习等不同类型，可以根据不同的数据和问题选择合适的算法进行训练和应用。

深度学习算法是机器学习算法中的一种，可以实现对大规模数据的高效分析和处理。深度学习算法通常基于神经网络模型实现，可以对图像、语音、自然语言等多种类型的数据进行处理和分析。

2. 模式识别算法

模式识别算法是一种基于统计学和数学的方法，可以实现对数据中的模式和规律的自动发现和识别。模式识别算法通常包括特征提取、特征选择、分类等不同步骤，可被用于图像识别、语音识别等多个领域。

3. 概率推理算法

概率推理算法是一种基于概率论的推理方法，可以根据已知的观测数据和先验知识，推断出未知的变量或事件的概率分布。概率推理算法在智能感知系统中可以实现对不确定性和风险的分析和处理。

4. 决策树算法

决策树算法是一种基于树形结构的分类和预测方法，可以根据不同的特征和属性，将数据分为不同的类别或预测结果。决策树算法在智能感知系统中可以实现对数据的分类和预测。

5. 集成学习算法

集成学习算法是一种将多个分类器组合起来以实现更好分类效果的算法，可被用于图像识别、语音识别等领域。集成学习算法可以降低单个分类器的误差率，提高分类精度。

1.1.2　普通传感器与智能传感器

1. 普通传感器

传感器 (Sensor) 是一种能够将物理量（如温度、压力、湿度、光强度、位置等）转化成电信号或其他形式信号的设备。传感器是电子技术、计算机技术、自动控制技术和信息处理技术等领域的重要组成部分。传感器能够感知物理世界中的各种信息，并将其转化成电信号或其他形式的信号，经过处理和分析，可以实现对物体的监测和控制。

传感器的基本原理是利用物理量与感应元件之间的相互作用，将物理量转换为电信号或其他形式的信号，再通过信号处理和分析，实现对物体的感知和识别。传感器的主要特点是灵敏度高、响应速度快、准确度高、可靠性好、体积小、功耗低等。传感器广泛应用于机器人、智能家居、智能交通、医疗设备、工业自动化、安防监控等领域，可以实现对物体的实时感知和监测，提高生产效率，减少人员安全风险，节约能源等。随着技术的不断进步，传感器的应用领域将越来越广泛。

1) 传感器的类型

传感器的类型可以按照不同的分类标准划分。下面介绍几种常见的分类方法以及对应的传感器类型。

(1) 按照感知的物理量分类。根据感知物理量的不同，传感器可以分为多种类型，如温度传感器、湿度传感器、光敏传感器、压力传感器、电容传感器、电感传感器、加速度传感器、角度传感器、磁场传感器等。

(2) 按照测量信号的性质分类。根据测量信号性质的不同，传感器可以分为模拟传感器和数字传感器。模拟传感器输出的是模拟信号，如电压、电流、电阻等；数字传感器输出的是数字信号，如数字电平、脉冲数量等。

(3) 按照工作原理分类。根据工作原理的不同，传感器可以分为电阻式传感器、电容式传感器、电感式传感器、压电式传感器、光电式传感器、磁电式传感器等。

(4) 按照应用领域分类。根据应用领域的不同，传感器可以分为医疗传感器、环境传感器、安防传感器、工业传感器、农业传感器等。

2) 传感器的设计难点

传感器的设计难点主要涉及以下几个方面。

(1) 灵敏度和稳定性。传感器需要在不同的环境条件下精确地检测物理或化学量，并保持其测量的稳定性。在传感器的设计过程中，需要考虑如何提高传感器的灵敏度，并消除或减小误差来源，如温度漂移和干扰等。

(2) 器件选择和工艺。传感器的灵敏度和响应速度与所采用的器件和工艺密切相关。例如，半导体材料的选择、器件结构和工艺参数等都会影响传感器的性能。在传感器的设计过程中，需要综合考虑器件和工艺选择，以达到最佳的性能和成本效益。

(3) 信号处理。传感器测量到的原始信号通常需要进行处理，以提取出有用的信息。信号处理的复杂性和功耗是传感器设计中的一个重要考虑因素。为了降低功耗，传感器通常会采用低功耗的信号处理算法，或在传感器芯片内部进行信号处理，以减少对外部处理器的依赖。

(4) 集成和封装。传感器的集成和封装也是一个挑战。传感器芯片需要与其他电路集成在一起，并能够在不同的环境下可靠地运行。此外，传感器的封装方式也需要考虑成本、可靠性和性能等因素。

传感器的设计是一个复杂的过程，需要综合考虑多个因素，并不断优化和调整，以达到最佳的性能和成本效益。

2. 智能传感器

智能传感器 (Smart Sensor) 基于普通传感器，是一种集微处理器、数字信号处理、存储器、通信接口等智能化功能于一体的传感器。相比于传统的模拟传感器或数字传感器，智能传感器具有更高的智能化程度，其本身能够进行数据处理和决策，输出更加丰富、可靠、准确的信息。智能传感器通过集成处理器和存储器，可以对采集的数据进行实时处理和分析，对数据进行滤波、去噪、校准等操作，从而提高数据的精度和可靠性。智能传感器还可以通过内置的通信接口与其他设备进行数据传输和交互，实现设备之间的联网通信。其特点主要包括以下几个方面。

(1) 高度智能化。智能传感器内置处理器和存储器，可以进行数据处理和决策，具有较高的智能化程度。

(2) 实时性强。智能传感器能够实时采集、处理和传输数据，具有较高的实时性。

(3) 数据精度高。智能传感器能够进行数据校准、滤波、去噪等操作，提高数据的精度和可靠性。

(4) 功能丰富。智能传感器可以集成多种功能模块，如温度计、湿度计、压力计、加速度计、陀螺仪、磁力计等，实现多种传感功能。

(5) 易于集成和应用。智能传感器体积小、功耗低、易于集成和应用，广泛应用于物联网、智能家居、工业自动化、医疗设备、环境监测等领域。

智能传感器是传感器技术的一种重要发展方向，具有高度智能化、实时性强、数据精度高等特点，有望在物联网、智能制造、智能交通、智能家居等领域发挥重要作用。

1.1.3 低功耗高性能传感器计算芯片和通信模块

1. 低功耗高性能传感器计算芯片

低功耗高性能传感器计算芯片 (Low Power High Performance Sensor Computing Chip) 是一种专门针对传感器数据进行处理和分析的芯片，具有低功耗、高性能、高度集成化等特点。该芯片通过集成高性能处理器、低功耗传感器接口、高速存储器、高效能算法等多种硬件和软件模块，可快速、准确地处理和分析传感器数据。其主要特点包括以下几个方面。

(1) 低功耗。低功耗是该芯片的核心特点之一，即该芯片能够有效降低系统功耗，延长系统使用时间，满足对低功耗的应用需求。

(2) 高性能。该芯片内置高性能处理器和高速存储器，能够快速、准确地处理和分析传感器数据，提高数据的处理速度和精度。

(3) 高度集成化。该芯片内置多种硬件和软件模块，如传感器接口、算法库等，实现了高度集成化，可减少系统的外围器件数量和复杂度。

(4) 通用性。该芯片具有较高的通用性，支持多种类型的传感器接口和算法库，可适用于不同类型传感器的应用场景。

低功耗高性能传感器计算芯片的应用场景主要包括物联网、智能家居、智能制造、智能交通等领域，可广泛应用于传感器数据处理、物联网节点处理、智能控制等方面。

2. 传感器通信模块

传感器通信模块用于传感器数据通信，通常将传感器采集到的数据传输给上位机或其他设备进行进一步处理和分析。通信模块通常包括硬件和软件两个方面，硬件部分主要是指通信芯片和通信接口，软件部分则主要是指通信协议和数据处理算法。其主要功能是将传感器采集到的数据以可靠、快速的方式传输到上位机或其他设备，以满足数据采集、监测、控制等方面的需求。其主要特点包括以下几个方面。

(1) 通信协议标准化。传感器通信模块通常采用标准化的通信协议，如 RS232、RS485、

CAN、Modbus 等，以便于与其他设备进行通信。

(2) 通信接口多样化。传感器通信模块通常支持多种通信接口，如串口、以太网、蓝牙、WiFi 等，以便于不同类型的设备进行通信。

(3) 数据传输快速可靠。传感器通信模块通常采用高速传输技术和纠错技术，以确保数据的快速、可靠传输，同时能够保证数据的完整性和正确性。

(4) 功耗低。由于传感器通常是在电池供电的情况下工作的，因此通信模块通常采用低功耗设计，以延长传感器的使用寿命。

(5) 易于集成和应用。传感器通信模块通常采用标准化接口和通信协议，同时提供完善的软件支持和开发工具，以便于集成到不同类型的传感器系统中，同时能够方便开发人员进行应用开发。

传感器通信模块的应用范围非常广泛，包括工业自动化、物联网、智能家居、智能医疗、智能交通等领域。随着技术的不断进步，传感器通信模块的功能和性能将不断得到改进和提升，以适应不断变化的应用需求。

1.1.4　嵌入式智能感知

嵌入式智能感知电路系统是一种集传感器、嵌入式计算芯片、通信模块等多种技术于一体的系统，具有实时感知、智能分析和快速响应的特点。该系统可以采集和处理传感器数据，并根据实际需求进行智能决策和控制，以实现智能化的应用场景。该系统通常由以下几部分组成：一是传感器，用于感知环境或物体的状态及变化，并将采集到的数据发送给嵌入式计算芯片进行处理；二是嵌入式计算芯片，用于处理传感器采集到的数据，根据预设算法进行分析和决策，并根据结果控制执行相应的操作；三是通信模块，用于将处理后的数据传输到上位机或其他设备以进行监测、控制或远程访问等；四是电源模块，用于为整个系统提供稳定的电源供应。

嵌入式智能感知电路系统的应用领域非常广泛，包括智能交通、智能工厂、智能健康、智能家居、智能农业等领域，现简要介绍如下。

(1) 智能交通。嵌入式智能感知电路系统可以应用于智能交通系统中，如车辆检测、智能信号灯控制、道路拥堵监测等。通过嵌入式计算芯片对传感器采集到的数据进行分析和决策，可以实现实时的车辆识别、行驶状态监测、道路拥堵预警等功能。

(2) 智能工厂。嵌入式智能感知电路系统可以用于智能工厂中，如设备监测、生产过程控制、质量检测等。通过嵌入式计算芯片对传感器采集到的数据进行实时处理和分析，可以实现设备状态监测、生产过程控制、产品质量检测等功能。

(3) 智能健康。嵌入式智能感知电路系统可以用于智能健康领域，如健康监测、医疗管理等。通过嵌入式计算芯片对传感器采集到的生理数据进行实时处理和分析，可以实现健康状态监测、病情管理、药物剂量控制等功能。

(4) 智能家居。嵌入式智能感知电路系统可以用于智能家居中，如环境监测、智能控制等。通过嵌入式计算芯片对传感器采集到的环境数据和用户行为进行实时处理和分析，可以实现智能灯光、智能窗帘、智能家电等设备的控制和管理。

(5) 智能农业。嵌入式智能感知电路系统可以用于智能农业中，如土壤监测、气象监测、植物生长监测等。通过嵌入式计算芯片对传感器采集到的数据进行实时处理和分析，可以实现农作物生长监测、灌溉控制、温湿度控制等功能。

嵌入式智能感知电路系统已经被广泛应用于各个领域，通过对传感器采集到的数据进行实时处理和分析，实现了智能化、实时化、集成化等特点，为各种应用场景提供了高效、可靠的数据采集、处理和控制服务。

1.1.5　基于近似计算的低功耗智能感知

基于近似计算的低功耗智能感知是一种新型的智能感知技术，主要通过将传感器采集的数据进行近似计算，实现在低功耗下高效地完成数据处理和分析的目的。传统的数据处理方法通常需要大量的计算资源和能量消耗，因此在嵌入式系统中往往难以高效、实时地进行数据处理。而基于近似计算的低功耗智能感知则通过降低计算的复杂度，实现了在低能耗下高效处理数据的目的。

以图像感知处理为例，图像处理算法可以采用近似计算的原因主要有两个。一是图像处理算法对精度的要求相对较低，在许多图像处理应用中，对图像的处理和分析并不需要高精度的计算结果。例如，在实时视频流处理中，对图像的分割、识别、跟踪等操作都可以采用近似计算得到的结果。二是近似计算能够降低算法的复杂度，图像处理算法通常需要处理大量的像素数据，传统的精确计算方法往往需要耗费大量的计算资源和能量。而基于近似计算能够大大降低计算复杂度，从而在保证计算效果的前提下，降低计算的能耗和延迟。鉴于此，基于近似计算的图像处理算法已经被广泛应用于许多领域，如计算机视觉、智能安防、虚拟现实等。例如，在计算机视觉领域，近似算法可以用来实现图像的压缩、滤波、变换等操作，以及高效的特征提取和匹配等任务。在智能安防领域，近似算法可以用来实现实时视频流的处理和分析，以及人脸识别、行为分析等任务。

具体来说，基于近似计算的低功耗智能感知可以采用如下的技术手段。一是近似算法，将传统的精确算法进行优化，降低计算的复杂度和能量消耗，在低功耗下实现高效的数据处理。例如，可以采用近似矩阵乘法、压缩感知等技术来实现高效的数据处理。二是降低精度，将传感器采集的数据进行适当的降噪和降采样处理，降低数据的精度，从而降低数据处理的复杂度和能量消耗。例如，可以采用定点化、二值化等技术来实现数据降精度处理。

基于近似计算的低功耗智能感知技术已经被广泛应用于许多领域，如智能交通、智能制造、智能医疗等。该技术为实现低功耗、高效的智能感知提供了有效的解决方案。

1.1.6　基于近传感器技术的低功耗智能感知

近传感器计算 (Near-sensor Computing)，又被称为边缘计算 (Edge Computing)，是一种计算范式，其中数据处理是在传感器或设备生成数据的地方进行的，而不是将所有数据发送到云端或数据中心进行处理。近传感器计算近年来变得越来越重要，原因在于物联网市场规模的增长以及需要实时处理物联网设备生成的大量数据。通过在网络边缘处理数据，近传感器计算可以减少需要发送到云端或数据中心的数据量，从而降低网络延迟、带宽需求和成本。近传感器计算可以通过不同的方式实现，具体取决于特定的应用需求和约束。一些常见的方法如下。

(1) 分布式计算。在这种方法中，计算资源分布在网络中，一些处理在边缘完成，一些在云端或数据中心完成。数据根据特定的处理要求和可用资源路由到适当的处理节点。

(2) 雾计算。雾计算是一种分布式计算，专注于在网络边缘处理数据，通常在设备的本地区域网络 (LAN) 或广域网 (WAN) 中完成。这种方法特别适用于需要实时处理、低延迟和高带宽的应用。

(3) 移动边缘计算。移动边缘计算 (MEC) 是一种雾计算形式，专注于在移动网络边缘，靠近用户设备的地方处理数据。MEC 可以用于低延迟、高带宽的应用，如增强现实、虚拟现实和游戏等。

近传感器计算有许多好处，如降低网络延迟、保护数据隐私和安全，以及降低带宽和存储要求等。它还能实现以前不可能实现的新应用和服务，如工业过程中的实时监控和控制、智能城市和自动驾驶车辆。然而，近传感器计算也面临着一些挑战，如需要高效的资源分配、分布式处理和数据同步。

1.1.7 基于感算一体技术的低功耗智能感知

感算一体技术 (Sensing with Computing) 是一种集感知、计算和执行功能于一体的智能系统技术，该技术可以实现实时的数据处理和控制操作。感算一体技术的核心理念是将传感器、计算机和执行器集成在一起，形成一个完整的智能系统，以实现自动化和智能化的功能。这种技术首先通过使用各种类型的传感器来感知环境中的信息，然后使用嵌入式计算机进行数据处理和分析，最后通过执行器来执行相关的操作。感算一体技术有多种应用场景。在工业自动化领域，感算一体技术可以用于自动化生产线、机器人和物流系统，以实现实时监测、控制和优化操作。在智能家居领域，感算一体技术可以用于智能家居系统，如自动控制温度、照明和安全系统。在医疗保健领域，感算一体技术可以用于监测和分析患者的生理状态，并实时执行相应的治疗操作。

感算一体技术的优点如下。

(1) 实时响应。由于所有的处理都在设备本地进行，因此感算一体技术可以实现实时响应，从而减少了网络延迟和数据传输带宽的需求。

(2) 可靠性。由于感算一体技术是在设备本地运行的，因此可以减少网络故障或云服务中断导致的系统失效风险。

(3) 隐私性。由于数据在设备本地处理，因此可以保护用户的隐私和数据安全。

然而，感算一体技术也面临一些挑战。例如，资源限制，即由于感算一体技术是在嵌入式设备上运行的，因此其处理能力、存储能力和电力消耗等方面受到限制；处理复杂性，感算一体技术需要集成多种不同的设备 (如传感器、计算机和执行器) 功能，具有一定的技术复杂性。总体来说，感算一体技术是一种非常有前景的技术，可以实现更智能、更自动化的应用。

　　这里要特别注意的是，从目前的学术界看，"In-sensor Computing"和"Sensing with Computing"是两种不同的传感器数据处理方法。"In-sensor Computing"指的是在传感器内直接进行计算的过程。这意味着传感器要具备处理能力，在采集数据后可以立即进行数据处理。在传感器内进行计算时，通常需要针对特定传感器和应用程序开发专门的硬件和软件。"Sensing with Computing"指的是先从传感器收集数据，然后在其他计算平台（如服务器、云计算资源或边缘设备）上进行处理。这意味着传感器采集的数据通常会传输到计算平台进行处理、分析和存储。

　　两种方法的主要区别在于数据处理发生的位置。"In-sensor Computing"在传感器内部处理数据，而"Sensing with Computing"则需要将数据从传感器传输到其他计算平台进行处理。"In-sensor Computing"具有更低的延迟和更少的能源消耗等优势，这是因为其需要传输的数据量较少。但是，"In-sensor Computing"可能受到传感器处理能力和实现算法的复杂性的限制。"Sensing with Computing"则可以提供更强大的处理能力和灵活性，因为它不受传感器本身处理能力的限制。但是，它可能需要更多的带宽来传输数据，并且可能会因为传输数据所需的时间而遭受更高的延迟。两种方法都有各自的优点和限制，选择哪种方法取决于特定应用程序的要求和限制。

1.1.8　智能感知中的人工智能、机器学习和深度学习

　　人工智能（Artificial Intelligence，AI）是计算机科学的一个分支，旨在模拟人类的智能和思维方式。人工智能可以被定义为让机器模拟人类智能行为（包括感知、学习、推理、决策等方面）的能力。人工智能可以被用于各种领域，如语音识别、图像处理、自然语言处理、机器翻译、自动驾驶等。

　　机器学习（Machine Learning，ML）是人工智能的一个子领域，旨在通过数据和统计学方法，让计算机自动学习和改进算法，从而实现智能行为。机器学习主要包括监督学习、无监督学习和强化学习三种类型。在监督学习中，机器从已有的标记数据中学习，并通过构建模型来对新的数据进行分类或预测。在无监督学习中，机器从未标记的数据中自动学习，并通过发现数据之间的隐藏结构来进行分类或聚类。在强化学习中，机器通过不断试错来学习，并根据反馈信号来优化行为策略。

　　深度学习（Deep Learning，DL）是机器学习的一个分支，旨在通过模拟人类神经网络的结构和功能，实现对复杂数据的处理和学习。深度学习利用多层神经网络来提取特征，进而实现对复杂模式的识别和分类。深度学习已经在图像识别、语音识别、自然语言处理等领域取得了很大的成功，成为当前人工智能研究的一个热点领域。

　　总的来说，人工智能是一种模拟人类智能的技术，机器学习是实现人工智能的一种方法，而深度学习则是机器学习的一种进阶技术，它可以自动从原始数据中提取特征，并对复杂的模式进行识别和分类。

　　卷积神经网络（Convolutional Neural Network，CNN）和循环神经网络（Recurrent Neural Network，RNN）是深度学习中两种经典的神经网络结构。卷积神经网络是一种专门用于处理图像、视频、音频等多维数据的神经网络结构。它先通过卷积层提取图像的特征，然

后通过池化层对特征进行降维处理，并通过全连接层对特征进行分类或回归。卷积神经网络的优势在于它可以自动从原始数据中提取有用的特征，避免了手工设计特征的烦琐过程，因此被广泛应用于计算机视觉领域，如用于图像分类、目标检测、图像分割等。循环神经网络则是一种专门用于处理序列数据的神经网络结构。它通过循环层 (Recurrent Layer) 对序列数据进行处理，并利用记忆单元 (Memory Cell) 来保存序列中的信息。循环神经网络的优势在于它可以自动捕捉序列数据中的时间依赖关系，因此被广泛应用于自然语言处理领域，如用于文本生成、语言建模、机器翻译等。

卷积神经网络和循环神经网络的共同点在于它们都是基于神经网络的模型，都可以进行端到端的训练，并且都可以通过反向传播算法进行优化。同时，二者都通过多层网络来提高模型的表达能力。二者的区别在于以下四点。

(1) 结构不同。卷积神经网络主要由卷积层、池化层和全连接层组成，而循环神经网络主要由循环层和记忆单元组成。

(2) 处理数据不同。卷积神经网络主要用于处理图像、视频等多维数据，而循环神经网络主要用于处理序列数据，例如文本、语音等。

(3) 处理方式不同。卷积神经网络通过卷积运算来提取局部特征，而循环神经网络则通过循环层来建立序列数据的时间依赖关系。

(4) 训练方式不同。由于循环神经网络存在时序依赖，因此在训练时需要使用反向传播算法的变体，例如反向传播通过时间 (Backpropagation Through Time, BPTT) 算法，而卷积神经网络则可以直接使用标准的反向传播算法进行训练。

与目前流行的深度学习算法相比，传统的智能感知算法同样不可忽视，其应用范围也相当广泛，下面介绍几种常用的算法。

(1) k-均值算法。k-均值算法是一种聚类算法，用于将数据集分成 k 个类别。它的思想是先随机选择 k 个中心点，然后将每个样本点划分到离它最近的中心点所在的类别中，再更新中心点的位置，重复上述过程直到收敛。

(2) 决策树算法。决策树算法是一种分类算法，它通过构建一棵树来对数据进行分类。它的思想是先选择一个最佳的特征作为根节点，将数据集划分成若干个子集，然后对每个子集递归构建子树，直到所有叶节点所属的类别相同或者达到预定的深度。

(3) 支持向量机算法。支持向量机算法是一种分类算法，它通过将数据集映射到高维空间中，构建一个最优的超平面来对数据进行分类。它的思想是先选择一个最大化分类边际的超平面，然后通过拉格朗日乘子法求解对偶问题来得到最优解。

(4) 朴素贝叶斯算法。朴素贝叶斯算法是一种分类算法，它基于贝叶斯定理和条件独立假设，通过计算每个类别的概率来对数据进行分类。它的思想是先对每个特征计算出在每个类别下的概率分布，然后根据贝叶斯公式计算出每个类别的后验概率，并选择后验概率最大的类别作为分类结果。

1.1.9　电路和算法协同优化设计

电路和算法协同优化设计是一种将电路设计和算法设计相结合的优化方法，旨在同时优化电路和算法的性能和功耗。电路和算法协同优化设计应以下步骤顺序进行。

(1) 确定优化目标。明确电路和算法的优化目标，如性能、功耗、面积等。这些目标将指导整个优化过程。

(2) 确定算法特征。确定算法的特征，如输入输出数据的格式、计算规模、数据访问模式等。这些特征将对电路的设计产生影响。

(3) 确定电路特征。确定电路的特征，如电路结构、电源电压、晶体管尺寸等。这些特征将对算法的设计产生影响。

(4) 电路和算法的协同设计。在进行电路和算法的协同设计时，可以使用一些优化技术，如设计空间探索、自动化布局布线等。

(5) 性能评估。进行性能评估，以评估电路和算法的实际性能。在此过程中，可以使用一些仿真工具或实际测试平台。

(6) 优化反馈。将实际性能结果反馈到电路和算法的设计中，进一步优化设计方案。

电路和算法协同优化设计是一种复杂的过程，需要对电路设计和算法设计都有一定的了解，并且需要使用多种优化技术。但是，通过协同优化设计，可以达到同时优化电路和算法性能的目的，进而提高整个系统的性能和功耗效率。

1.2　智能感知电路系统实现过程

智能感知电路系统的实现过程涉及多个方面，包括系统需求分析、电路设计、芯片设计和制造、系统集成，具体如下。

(1) 系统需求分析。在智能感知电路系统实现之前，需要对应用场景进行需求分析，包括对所需的传感器、采集频率、数据处理要求、应用场景等方面的需求进行分析，明确系统需要实现的功能和性能指标。

(2) 电路设计。根据需求分析，设计适合的电路方案，具体包括传感器选型、信号采集、信号处理、信号转换等方面的设计。在电路设计过程中，需要考虑电路的可靠性、抗干扰能力、功耗等因素，同时需要优化电路设计，使其能够满足系统需求和性能指标。

(3) 芯片设计和制造。根据电路设计方案，进行芯片设计。芯片设计通常包括寄存器传输级 (Register Transfer Level，RTL) 设计、综合、布局布线等方面，需要进行详细的仿真和验证，以确保芯片能够正常工作，并满足电路设计的要求和性能指标。完成芯片设计后，需要进行芯片制造，包括掩膜制作、晶圆制备、探针测试、封装测试等过程。芯片制造也需要确保芯片能够正常工作，并满足电路设计和性能指标的要求。

(4) 系统集成。将芯片集成到系统中，包括与其他电路的连接、系统软件的开发等方面。在系统集成过程中，需要进行详细的测试和验证，以确保系统能够正常工作，并满足系统需求和性能指标。

在智能感知电路系统实现过程中，需要注意各个环节的细节，确保系统能够正常工作，并满足系统需求和性能指标。同时，需要持续关注技术的发展和创新，不断提升智能感知电路的性能和可靠性。

1.2.1　系统需求分析

系统需求分析是智能感知电路系统实现过程中非常重要的一步。具体而言，系统需求分析主要包括以下几个方面。

(1) 应用场景分析。需要对智能感知电路系统将要应用的场景进行分析，包括环境条件、测量对象、数据传输方式等方面。对应用场景的分析，有助于明确电路需要实现的功能和性能指标。

(2) 传感器选型。需要根据应用场景的分析，选择适合的传感器。传感器的选型需要考虑多个方面，包括测量范围、精度、灵敏度、响应时间、稳定性等因素。

(3) 数据采集。需要根据应用场景和传感器选型，设计合适的数据采集方案。数据采集方案需要考虑采样频率、采样精度、数据传输方式等因素。

(4) 数据处理。需要对采集到的数据进行处理，以获得有用的信息。数据处理包括滤波、去噪、降噪、特征提取、数据压缩等方面的处理。

(5) 系统性能指标。需要明确系统性能指标，包括数据采集精度、数据处理速度、数据传输带宽等方面的指标。

通过以上分析，可以明确智能感知电路系统所需要实现的功能和性能指标，为后续的电路设计和系统集成提供指导和依据。同时，也可以通过对应用场景的分析和传感器选型等方面的优化，提升智能感知电路系统的性能和可靠性。

1.2.2　电路设计

电路设计是指根据智能感知电路系统需求分析的结果，设计出能够实现所需功能和性能指标的电路。电路设计通常以下步骤顺序进行。

(1) 电路拓扑结构设计。根据所需功能和性能指标，设计出适合的电路拓扑结构。电路拓扑结构包括各个电子器件之间的连接方式、器件的数量和类型等。

(2) 电路元件选择。根据电路拓扑结构的设计，选择合适的电路元件。电路元件的选择需要考虑多个因素，包括工作频率、功率、精度、稳定性等。

(3) 电路仿真。对电路进行仿真，以验证电路的性能和可靠性。电路仿真通常采用计算机辅助仿真软件，可以对电路的各种参数进行分析和优化。

(4) 印制电路板 (Printed Circuit Board, PCB) 设计。PCB 设计需要考虑电路元件的布局、信号线的走向和长度等因素，以提高电路的性能和可靠性。

(5) 电路调试。对电路进行调试，以验证电路的性能和可靠性。电路调试需要使用相应的测试仪器和设备，对电路的各种参数进行测试和分析。

通过以上电路设计的步骤，可以设计出能够实现智能感知电路系统所需功能和性能指标的电路。同时，电路设计也需要注意优化电路的性能和可靠性，以提高电路的工作效率和稳定性。

1.2.3 芯片设计和制造

1. 芯片设计

芯片设计是指根据智能感知电路系统需求分析和电路设计的结果，设计出能够实现所需功能和性能指标的芯片。芯片设计通常以下几个步骤顺序进行。

(1) 电路设计转化。将电路设计转化为芯片设计，即将电路设计中的各个电子器件转化为芯片中的元器件，包括基本器件、逻辑器件、存储器件等。

(2) 芯片架构设计。根据所需功能和性能指标，设计出适合的芯片架构。芯片架构设计包括各个模块之间的连接方式、模块的数量和类型等。

(3) 电路元件选择。选择合适的电路元件。电路元件的选择需要考虑多个因素，包括工作频率、功率、精度、稳定性等。

(4) 电路仿真。对芯片进行仿真，以验证芯片的性能和可靠性。芯片仿真通常采用计算机辅助仿真软件，可以对芯片的各种参数进行分析和优化。

(5) RTL 设计。进行芯片的 RTL 设计，将芯片设计的硬件逻辑转化为可综合的 RTL 描述代码。

(6) 逻辑综合和布局布线。对 RTL 代码进行逻辑综合和布局布线，将其转化为可编程逻辑器件上的实际电路。

(7) 物理验证。对芯片进行物理验证，包括芯片制造、芯片封装等环节，以验证芯片的性能和可靠性。

通过以上芯片设计的步骤，可以设计出能够实现智能感知电路系统所需功能和性能指标的芯片。同时，芯片设计也需要注意优化芯片的性能和可靠性，以提高芯片的工作效率和稳定性。

2. 芯片制造

对于芯片制造的问题，一般来说智能感知电路系统设计师很少涉足该领域，而是直接将最后设计好的电路图发给厂家进行流片制造。芯片制造是将芯片设计转化为实际芯片的过程，简要的步骤包括以下几个方面。

(1) 掩膜制备。在芯片制造之前，需要准备用于芯片制造的掩膜。掩膜是一种光刻掩膜，用于在芯片表面形成电路的图案。掩膜通常是由一系列图案和层叠组成的，每个图案表示一个电路结构。

(2) 晶圆制备。先将掩膜和晶圆进行对位和曝光，然后使用化学蚀刻或离子注入等工艺，在晶圆表面形成电路结构。这个过程需要多次重复，且每次加工只能处理一层，所以需要进行多次加工才能完成整个电路结构。

(3) 清洗和检测。在制造芯片时，需要对芯片进行清洗和检测，以保证芯片的质量和可靠性。清洗过程会去除残留在芯片上的化学物质和杂质，而检测过程则通过测试芯片的电性能、光学性能、物理性能等来检验芯片是否符合设计要求。

(4) 分离和封装。在制造完成后，需要对晶圆进行分离，将其分成单独的芯片。接下来，芯片需要被封装起来，以便于使用和安装。芯片封装通常包括安装封装材料、焊接引脚、包装和测试等工艺。

芯片制造需要严格的工艺控制和精细的操作。芯片制造的质量和可靠性对于芯片的性能和使用寿命都有着非常重要的影响，因此芯片制造需要高度专业化和严格的质量控制。

值得一提的是，我国在芯片制造方面还需要长足的进步，主要体现在以下几个方面。

(1) 工艺水平。相比于美国和欧洲的一些发达国家，我国在芯片制造工艺方面的技术水平仍存在差距。例如，在先进的制程工艺 (如 10 nm 以下的 FinFET 制程) 方面，我国目前仍然需要依赖外国公司。

(2) 设备制造。芯片制造需要大量使用高精度设备，包括刻蚀机、光刻机、化学气相沉积机等。这些设备的制造技术和维护技术也需要很高的水平。目前我国在高端芯片制造设备领域仍然相对薄弱，大量设备需要进口。

(3) 芯片封装。芯片封装是整个芯片制造过程的最后一步，但也是非常重要的一步。芯片封装需要高度精密的技术和先进的设备，以保证芯片的可靠性和性能。目前我国在芯片封装方面的技术水平还需要进一步提高。

(4) 人才储备。芯片制造需要高度专业化的技术人才，包括制程工程师、设备工程师、质量控制工程师等。

1.2.4 系统集成

系统集成是指将各种不同的电子元器件 (如芯片、传感器、电路板等) 组合在一起，以实现特定的功能。在智能感知电路系统中，系统集成是非常重要的一步，它涉及系统的可靠性、性能、可维护性和成本等方面。系统集成的过程包括以下几个步骤。

(1) 确定系统需求。在进行系统集成之前，需要明确系统的功能需求、性能指标、可靠性要求、成本预算等。

(2) 选型和采购。根据系统需求，选定合适的电子元器件，并进行采购。选型和采购的过程中需要考虑元器件的性能、可靠性、价格、供应等方面的因素。

(3) 设计电路。将不同的电子元器件按照系统需求进行组合，设计出符合要求的电路。在设计电路的过程中，需要考虑元器件之间的兼容性、匹配性、稳定性等方面的因素。

(4) PCB 设计。根据电路设计，进行 PCB 的设计。PCB 是将电子元器件连接在一起的重要组成部分，需要考虑电路的布局、线路走向、信号干扰等因素。

(5) 焊接和装配。将电子元器件焊接在 PCB 上，并进行组装。这个过程需要考虑焊接质量、元器件的方向、PCB 的位置等因素。

(6) 调试和测试。对系统进行调试和测试，确保系统能够满足需求。测试的过程包括功能测试、性能测试、可靠性测试等方面。

(7) 量产和维护。在测试合格后，进行系统的量产，并进行售后维护和支持。

系统集成是智能感知电路系统开发的关键步骤之一，它需要多个领域的专业知识和技能，包括电路设计、PCB 设计、焊接技术、测试技术等。因此，在进行系统集成时需要建立一个专业的团队，并充分考虑各方面的因素，以确保系统能够满足需求并具有良好的性能和可靠性。

1.3   算法与电路系统设计

在智能感知电路系统的设计中，算法对电路系统的设计有着举足轻重的影响。算法可以确定电路系统的需求，如需要采集的传感器数据类型、数据采集的速度和精度等。这些需求将直接影响到电路系统的设计和性能。算法可以帮助选择合适的芯片和模块，如选择适合算法运行的处理器、存储器和传感器模块等。这些硬件的选择将对电路系统的功耗、成本和可靠性等产生影响。算法可以为电路系统提供优化设计的思路和方法，例如通过算法优化电路系统的功耗、响应时间和准确性等方面的性能。算法可以帮助实现电路系统的实时性和可靠性，如通过算法设计实时进行数据采集、处理和控制，以保证电路系统能够准确响应各种环境变化和任务要求。算法可以为电路系统提供自适应性和智能化的能力，如通过机器学习和深度学习算法实现电路系统的自主学习和优化，以提高电路系统的性能和智能化水平。因此，算法在智能感知电路系统的设计中起着至关重要的作用，它可以直接或间接地影响电路系统的各个方面，从而实现更加优化、高效、可靠和智能化的电路系统的设计。下面我们简要介绍面向卷积神经网络的电路设计和协同优化。

1.3.1   卷积神经网络的电路设计

卷积神经网络的电路设计需要考虑多个方面，需要针对卷积操作、激活函数、池化层、通道层等模块进行设计，并使用适当的硬件平台和软件工具来实现。具体如下：

(1) 神经元电路设计。卷积神经网络中的神经元主要是卷积核，需要设计相应的电路来实现卷积操作。一般采用的方法是先将卷积核的参数存储在权重寄存器中，然后使用乘累加器 (Multiply and Accumulate，MAC) 单元进行乘加操作，以实现卷积操作。MAC 单元的输入通常是由数模转换器转换得到的模拟信号。

(2) 激活函数电路设计。卷积神经网络中的激活函数主要是 ReLU 函数和 sigmoid 函数，需要设计相应的电路来实现激活操作。一般采用的方法是使用比较器和加法器来实现 ReLU 函数的非线性操作，使用逻辑门和放大器来实现 sigmoid 函数的非线性操作。

(3) 池化层电路设计。卷积神经网络中的池化操作需要设计相应的电路来实现。一般采用的方法是先使用最大池化或平均池化算法，然后使用比较器和选择器来选择最大值或平均值。

(4) 通道层电路设计。卷积神经网络中的通道层需要设计相应的电路来实现。一般采用的方法是使用现场可编程逻辑门阵列 (Field Programmable Gate Array，FPGA) 或专用芯片来实现通道层的计算和数据存储。

(5) 其他电路设计。卷积神经网络中还有一些其他的电路设计，如数据缓存电路、DMA 传输电路、网络互连电路等。这些电路需要设计相应的硬件模块来实现。

另外，卷积神经网络的电路设计还需要考虑电路的功耗、面积、时钟速度等因素，以实现高效、稳定和可靠的卷积神经网络电路的设计。

1.3.2　卷积神经网络的重训练

从传统精确计算的角度看，重训练的意义在于，其可以利用预训练模型的特征提取能力和泛化能力，在较小的数据集上训练出高精度的模型。同时，重训练可以提高模型的可迁移性，即使在不同的任务或数据集上，也可以使用预训练模型的特征来进行训练。这对于训练数据较少或者计算资源有限的情况尤为重要。另外，重训练还可以解决过拟合的问题，即使预训练模型在大规模数据集上训练过，但是在新任务上，也可能会出现过拟合的情况。通过重训练，可以在新任务上适当地调整模型参数，避免过拟合的发生。

对于使用近似计算进行低功耗智能感知电路系统的设计，重训练的意义在于，近似计算可以在保证精度的前提下减小计算量和存储空间，从而提高模型在嵌入式设备等资源受限的环境中的应用能力。通过重训练，可以优化近似模型的参数，减小误差，提高模型精度，使得近似计算得到更好的应用效果。近似计算会引入一定的误差，而重训练可以通过优化权重来减小误差，提高模型的精度和可靠性。重训练的步骤顺序如下。

(1) 基于原始模型构建近似模型。从原始模型出发，构建一个近似模型。例如，通过使用低精度数据类型或者减少网络层数等方法来减小计算量。

(2) 进行模型微调。使用原始数据集进行微调，即对近似模型进行重训练。在微调过程中，可以使用正则化方法来控制模型的复杂度，避免过拟合。

(3) 评估模型性能。对模型进行评估，检查模型的性能是否满足要求。若模型性能不够好，则需要重新调整模型参数或者重新构建近似模型，重新进行微调。

总之，算法可以指导电路设计中的某些关键决策，如选择适当的电路架构、调整电路参数等。比如，在深度学习算法中，卷积神经网络的结构和参数对于电路设计有重要的指导作用。一些算法的计算量较大，需要大量的计算资源和时间。电路设计可以用硬件电路的方式来加速算法计算，提高计算效率。例如，可以使用专用集成电路 (Application Specific Integrated Circuit，ASIC) 或 FPGA 电路来加速卷积神经网络中的卷积计算。电路设计可以通过对算法的优化来减小电路规模、降低功耗、提高可靠性等。例如，在机器学习算法中，可以通过优化神经网络的结构和参数来减小电路规模，提高计算速度。因此，算法与电路设计之间的关系是相互依存、相互促进的。算法可以指导电路设计，电路可以加速算法计算，优化算法可以减小电路规模，提高计算速度，二者相互融合，共同推动智能感知电路系统的发展。

1.4　低功耗高性能智能感知电路系统设计

低功耗高性能智能感知电路系统设计是一种综合运用低功耗技术和高性能技术来设计智能感知电路的方法。这种设计方法在保持电路高性能的同时，能够降低电路功耗，从而延长电池寿命，减少能源消耗，并减轻对环境的影响。从设计的角度看，可以采用多种方法进行低功耗高性能智能感知电路系统的设计，如通过采用低功耗器件和工艺，优化算法和架构，采用深度学习技术等，能够更高效地处理数据，从而降低功耗。在智能感知电路系统中,通信是其中的一个重要部分,采用低功耗的通信协议 (如 BLE、ZigBee 和 LoRa 等) 能够降低通信的功耗。动态电压调节技术可以根据电路的工作状态动态调整电路的供电电压,从而降低功耗。

1.4.1 采用低功耗器件和工艺

低功耗器件和工艺是低功耗电路设计中的重要组成部分。利用这些器件和工艺可以降低电路的功耗,并且通常可以提高电路的性能,常用的有低功耗 CMOS 工艺。CMOS 工艺是目前最常用的集成电路制造工艺之一。低功耗 CMOS 工艺通过降低晶体管的阈值电压、减小晶体管的通道长度等方式来降低功耗。此外,低功耗 CMOS 工艺还可以通过采用低介电常数材料来减小电容,从而降低功耗。低功耗晶体管是一种特殊设计的晶体管,通常通过采用较小的通道长度、较低的漏电流和较低的阈值电压等来降低功耗。目前常见的低功耗晶体管包括低温多晶硅 (LTPS) 晶体管、薄膜晶体管 (TFT) 和半双极性 (HBT) 晶体管等。

低功耗传感器能够通过降低传感器本身的功耗来降低整个电路的功耗。比如,低功耗 MEMS 加速度计和陀螺仪等惯性传感器能够实现高精度的测量,同时其功耗较低。低功耗运算放大器是一种特殊设计的运算放大器,它采用低功耗电路结构和技术来实现高增益和低功耗的平衡。常见的低功耗运算放大器包括差分对输入的放大器和限制增益的放大器等。低功耗开关电源能够实现高效率的电能转换,并且其功耗较低。常见的低功耗开关电源包括开关电容电源和开关电感电源等。

非易失存储 (Non-Volatile Storage),又称为非易失存储器 (Non-Volatile Memory,NVM) 技术,是指电子设备中用于存储数据并不需要持续电源供应的存储技术。与易失存储 (Volatile Storage) 相比,非易失存储可以长期保存数据,即使在断电情况下也不会丢失数据。常见的非易失存储设备包括闪存、硬盘、光盘、非易失性 RAM(NVRAM) 和存储器卡等。非易失存储的优点在于它可以在电源关闭的情况下保存数据。这使得它非常适合在断电情况下存储关键数据和应用程序。非易失存储器的另一个重要优点是其速度比传统机械硬盘快,且在随机读写操作方面有很高的性能。此外,非易失存储器具有较低的功耗,因此在便携式电子设备、嵌入式系统、物联网等低功耗应用领域得到广泛应用。非易失存储技术的发展一直是电子行业中的重要研究领域。随着闪存和 NVRAM 等技术的发展,非易失存储设备的容量和性能不断提升,价格也逐渐降低。目前,非易失存储技术已经成为计算机、智能手机、平板电脑、相机、游戏机等各种电子设备中必不可少的存储媒介。

在目前的 NVM 技术中,FeFET(铁电场效应晶体管) 是一种用于低功耗逻辑设计的有前途的技术。FeFET 逻辑通过利用铁电材料的双稳态极化状态来工作,可以以非易失方式存储和检索数据。FeFET 的这种属性使其非常适合实现低功耗逻辑电路,如非易失存储器、反相器和逻辑门。有两种主要类型的 FeFET:负电容 (NC)FeFET 和铁电隧道结 (FTJ) FeFET。NC FeFET 使用带有负电容的铁电材料,这导致电压放大效应,可以帮助克服传统 MOSFET 的亚阈值斜率限制。FTJ FeFET 使用铁电隧道结作为栅极介质,可实现高的开关电流比和低的漏电流。

与传统 MOSFET 电路相比，FeFET 逻辑电路在功耗、速度和可靠性方面都具有多个优点。FeFET 具有较低的关断漏电流，可减少静态功耗。此外，FeFET 具有陡峭的亚阈值斜率，可以实现更低的供电电压操作，减少动态功耗。此外，FeFET 具有高的耐久性和数据保留能力，这对于低功耗存储器的设计非常重要。FeFET 逻辑的最有前途的应用之一是非易失存储器阵列的设计。FeFET 非易失存储器阵列具有密度高、功耗低和可快速访问等优点。使用 FeFET 非易失存储器阵列还可以消除单独非易失存储器组件的需求，这可以简化系统设计并减少总体功耗。总之，FeFET 逻辑是低功耗逻辑设计的一种有前途的技术，特别是在非易失存储器应用方面。FeFET 相对于传统 MOSFET 在功耗、速度和可靠性方面具有优势，这使其成为低功耗电子器件的理想选择。然而，在 FeFET 广泛应用于商业应用之前，仍需解决工艺变异性和可扩展性等挑战。

1.4.2　低功耗计算电路设计

相对于工艺设计，电路设计人员在设计层面同样可以进行低功耗电路设计。例如，在数字电路设计中，时钟门控技术是数字电路低功耗设计中常用的一种技术。该技术利用时钟信号对电路进行控制，以降低电路的功耗。时钟门控技术通过对时钟信号的控制，可以使电路只在特定时钟信号的上升沿或下降沿时才进行计算或操作，从而避免在无效时钟周期内进行计算或操作，减少了功耗。具体来说，时钟门控技术通常采用以下两种电路。

(1) 时钟使能器。时钟使能器是一种逻辑门电路，其输出信号只有在时钟使能输入信号为高电平时才有效。在数字电路中，可以将时钟使能器的输出信号作为其他模块的时钟信号输入，从而实现对其他模块时钟信号的控制，以达到降低功耗的目的。

(2) 时钟分频器。时钟分频器是一种电路，用于将输入的时钟信号分频。通过调整时钟分频器的分频比例，可以降低时钟频率，从而减少功耗。通常，时钟分频器可以采用数字电路或模拟电路实现。

时钟门控技术是数字电路低功耗设计中一种非常重要的技术，可应用于各种数字电路中，例如处理器、存储器、信号处理电路等。通过采用时钟门控技术，可以大幅度降低数字电路的功耗，提高电路的性能和能效。

1.4.3　低功耗存储电路设计

片上存储 SRAM 的运行功耗在实际的电路系统中不能被忽视。从目前学术界的角度看，设计者大多数都在晶体管级别进行低功耗设计。比如采用仅有 10 个晶体管的 SRAM 存储单元设计，旨在实现低功耗和高性能的平衡。其所提出的 SRAM 单元采用了 3 个传统 6T SRAM 单元和两个传输门的组合，共计 10 个晶体管。这种结构使得该 SRAM 单元具有面积较小和功耗低的特点。此外，该设计采用了异步复位电路和高抗干扰性的单端读取电路，可以进一步提高稳定性和抗干扰能力，通过使用台积电 0.18 μm 的 CMOS 工艺实现了该 SRAM 单元，并进行了实验验证。实验结果表明，该设计相比传统的 6T SRAM 单元具有更小的面积和更低的功耗，并且在不影响读写性能的情况下实现了快速的读写操作。

片上 DRAM 的功耗同样占有重要的比重，比如 Half-DRAM 架构。通过重新设计 DRAM 的行激活方式，能够实现对 DRAM 的精细激活控制，同时保持 DRAM 的高带宽性能。具体地，Half-DRAM 将 DRAM 行激活分为两个阶段，即激活前半部分和激活后半部分。这样可以将 DRAM 的激活控制更细粒度地进行，从而实现对 DRAM 行激活的灵活控制。同时，Half-DRAM 还采用了多通道并行访问技术，进一步提高了 DRAM 的带宽性能。此外，Half-DRAM 还采用了一系列的功耗优化技术，包括动态调整 DRAM 供电电压，利用 DRAM 自身的退火特性降低功耗，采用异步时序控制等技术。这些技术的应用可以有效地降低 DRAM 的功耗，从而进一步提高 Half-DRAM 的能效。通过在 FPGA 平台上实现了 Half-DRAM，进行了实验验证。实验结果表明，Half-DRAM 相比传统 DRAM 具有更低的功耗和更高的带宽，同时能够在多种应用场景中实现更好的性能和能效。

1.5　智能感知电路系统的设计难点和发展趋势

1. 智能感知电路系统的设计难点

智能感知电路系统的设计难点主要涉及以下几个方面。

(1) 算法设计。智能感知电路系统需要采用复杂的算法来对传感器采集到的数据进行处理和分析，从而实现对环境的智能感知和响应。在算法设计过程中，需要考虑如何提高算法的准确性、响应速度和节能性等方面的问题。

(2) 数据采集和处理。智能感知电路系统需要能够快速、准确地采集数据，并对数据进行处理和分析。数据采集和处理的复杂性和功耗是智能感知电路系统设计中的一个重要考虑因素。为了降低功耗，智能感知电路系统通常会采用低功耗的数据采集和处理算法，并在系统中采用节能的传感器和处理器等硬件设备。

(3) 硬件设计。智能感知电路系统需要采用多种传感器、处理器和通信设备等硬件设备，以实现对环境的多方面感知和响应。硬件设计的复杂性和功耗也是智能感知电路系统设计中的一个重要考虑因素。为了降低功耗，智能感知电路系统通常会采用低功耗的硬件设计技术，如低功耗电路设计、电源管理、功率管理等技术。

(4) 系统集成和优化。智能感知电路系统需要将多种传感器、处理器和通信设备等硬件设备有机地集成在一起，并能够在不同的环境下可靠地运行。系统集成和优化的复杂性和功耗也是智能感知电路系统设计中的一个重要考虑因素。为了降低功耗，智能感知电路系统通常会采用系统级的优化技术，如动态电源管理、功率控制、动态频率调整等技术。

智能感知电路系统的设计是一个复杂的过程，需要综合考虑多个因素，并不断进行优化和调整，以达到最佳的性能和成本效益。

2. 智能感知电路系统的发展趋势

智能感知电路系统是一种融合了感知、存储和计算功能的电子系统，具有类似于人类大脑的智能处理能力。随着科技的不断发展，智能感知电路系统的发展趋势将呈现以下几个方面。

(1) 神经形态计算的发展。神经形态计算是一种新兴的计算模型，模拟了人脑中的神经元和突触的工作方式。未来智能感知电路系统可能会借鉴神经形态计算的思想，采用类似于神经网络的结构，实现更加高效和智能的信息处理。

(2) 高度集成化和低功耗设计。随着半导体技术的不断进步，智能感知电路系统将趋向于更高度的集成化，将感知、存储和计算功能集成在一个芯片上，从而实现更小型化和低功耗的设计。这将有助于在资源受限的环境下实现智能感知，如在物联网、嵌入式系统等领域的应用。

(3) 多模态融合的发展。智能感知电路系统将更加注重多模态信息的融合，包括视觉、听觉、触觉、嗅觉等多种传感器信息的综合处理。这将使得系统能够更加全面地感知和理解环境，从而实现更智能化的决策和行为。

(4) 混合信号和数字信号处理的融合。智能感知电路系统将会在模拟信号处理和数字信号处理之间进行更加紧密的融合。模拟信号处理可以更好地处理连续型的感知信息，而数字信号处理可以实现高度的计算和控制。混合信号处理将使得系统在感知和计算上具有更高的灵活性和性能。

(5) 异构计算的应用。智能感知电路系统将采用多种异构计算的方式，如 GPU、FPGA、ASIC 等，以满足不同应用场景的需求。异构计算可以在智能感知电路系统中实现更加高效和灵活的信息处理，提升系统的性能和能效。

(6) 自主学习和适应性的提升。智能感知电路系统将不断提升自主学习和适应性能力，实现对环境和任务的自主学习和优化。这将使得系统能够更好地适应复杂和变化多端的环境。

目前，智能电路系统的设计者不得不面对后摩尔时代的种种挑战。后摩尔时代是指在摩尔定律逐渐失效或受限的情况下，半导体技术发展进入的一个新时代。摩尔定律是一种经验法则，最早由英特尔联合创始人之一戈登·摩尔在 1965 年提出，它预测了半导体芯片上晶体管数量的翻倍速度，即每隔 18～24 个月，晶体管数量将增加一倍，从而推动了半导体技术的快速发展。然而，随着半导体技术不断靠近物理极限，如晶体管尺寸的缩小遇到制造和物理上的限制，摩尔定律变得越来越难以继续延续。这导致半导体行业中出现了许多问题 (如能效、热管理、设备制造复杂性等问题)，同时也促进了对后摩尔时代的研究和探索。

在后摩尔时代，人们将寻求新的技术和方法来继续推动半导体技术的发展，以满足不断增长的需求和应用场景的要求。这可能包括新型材料和器件技术的应用、异构集成、跨尺度信息处理、强化学习和自适应学习的发展、安全和隐私保护的加强等。后摩尔时代将对半导体产业、科技创新和应用领域带来深刻的影响，并可能催生出新的技术和应用的突破。在后摩尔时代，智能感知电路系统的发展将面临新的挑战和机遇，以下是可能的发展方向。

(1) 新型材料和器件技术的应用。在后摩尔时代，新型材料和器件技术将成为智能感知电路系统发展的关键驱动力。例如,二维材料、自旋电子学、量子计算等技术有望应用于智能感知电路系统,提供更高的性能和能效。

(2) 异构集成的深入应用。异构集成将继续在后摩尔时代发挥重要作用,通过将不同的器件、模块和技术集成在一起,形成更加复杂和多功能的智能感知电路系统。例如,将传感器、处理器、存储器等集成在一片芯片上,实现紧凑、高度集成化的智能感知电路系统。

(3) 跨尺度信息处理的融合。后摩尔时代的智能感知电路系统将更加注重跨尺度信息的处理,包括从微观到宏观的信息融合和处理。例如,将传感器、器件和系统级的信息融合,更全面、深入和高效地进行感知和计算。

(4) 强化学习和自适应学习的进一步发展。强化学习和自适应学习将成为后摩尔时代智能感知电路系统的重要研究方向。通过引入自主学习、适应性和决策能力,使得智能感知电路系统能够更加智能地应对复杂和不确定的环境。

(5) 安全和隐私保护的加强。智能感知电路系统将面临更加严峻的安全和隐私保护挑战。后摩尔时代的智能感知电路系统需要采取更加严格的安全措施,包括硬件和软件层面的安全保护,以保护用户的隐私和数据安全。

▶▶ ⓟ 课程思政

1. 智能感知电路技术的发展对国家的科技自主创新能力提出了挑战与机遇。在中国特色社会主义理论的指导下,如何培养和弘扬创新精神,推动智能感知电路领域的自主研发,实现科技强国战略目标?

2. 智能感知电路技术的应用在农村地区具有广阔的发展前景。如何将智能感知电路技术与中国特色乡村振兴战略结合,推动农业现代化、农村产业升级和农民生活品质提升,实现城乡一体化发展的目标?

3. 智能感知电路技术的发展使得科技合作与国际交往变得更加紧密。在这样的背景下,如何积极参与国际科技合作,推动智能感知电路技术的创新与应用,并维护国家安全和主权?

▶▶ ⓟ 拓展思考

1. In-sensor Computing 为什么可以实现低功耗高性能智能感知电路系统,请查阅相关资料阐述其原理。

2. 请论述 Near-sensor Computing 和 In-sensor Computing 两种技术的区别和联系。

3. 如何将智能感知电路系统应用于现实生活中的各种场景,例如智能家居、医疗保健、环境监测等?

4. 在智能感知电路系统中,如何有效地处理和分析从传感器收集到的大量数据,并提取有用的信息以实现目标功能?

5. 如何保障智能感知电路系统的安全性和隐私性,以免其遭受黑客攻击或个人信息泄露等风险?

▶▶ ⓟ 本章参考文献 ···

[1] LIU M, ZHANG Y, TAO T H. Recent progress in bio-integrated intelligent sensing system[J]. Advanced Intelligent Systems, 2022, 4(6): 2100280.

[2] XIE H, JIANG M, ZHANG D, et al. IntelliSense technology in the new power systems[J]. Renewable and Sustainable Energy Reviews, 2023, 177: 113229.

[3] PANIGRAHI J K, ACHARYA D P. An intelligent sensing framework for post manufacturing performance measurement and healing of CSVCO[J]. IEEE Transactions on Instrumentation and Measurement, 2023, 72: 1-10.

[4] LIU B, TIAN Y. Design and test research of novel smart disconnector[C]//2022 IEEE International Conference on High Voltage Engineering and Applications(ICHVE). IEEE, 2022: 1-6.

[5] WAN Y, TAO J, DONG M, et al. Flexible intelligent sensing system for plane complex strain monitoring[J]. Advanced Materials Technologies, 2022: 2200386.

第 2 章　嵌入式智能感知电路系统设计

在当今飞速演进的科技时代，嵌入式智能感知电路系统成为引领创新浪潮的重要一环。随着人工智能技术的不断进步，智能装置和系统正逐渐融入人们的生活，从智能家居到工业自动化，从智能医疗到智能交通，无不显示出对于智能感知电路系统日益迫切的需求。在这样的背景下，嵌入式智能感知电路系统的设计方法显得尤为重要，不仅需要满足高性能和低功耗的要求，还需要应对多变的环境和应用需求。嵌入式智能感知电路系统的设计方法不仅仅涉及硬件电路的构建，还包括与之配套的软件算法和系统架构。如何在有限的资源下实现高效的感知和处理，如何兼顾能源消耗与性能表现，如何在不确定的环境中确保稳定可靠的运行，都是设计过程中需要深入思考和解决的问题。本章将深入阐述嵌入式智能感知电路系统的设计方法，针对不同平台（如 MCU、嵌入式 Linux 和机器人等）进行系统化梳理和深入分析。

2.1　嵌入式的基本介绍

2.1.1　嵌入式的定义

嵌入式系统是将先进的计算机技术、半导体技术和电子技术与相关行业的具体应用结合后的产物，包含计算机，但又不是通用计算机的计算机应用系统。表 2.1 详细对比了通用计算机和嵌入式系统。从两者的对比可以看出，嵌入式系统与通用计算机的最大区别就在于嵌入式系统大多工作在为特定用户群设计的系统中，因此嵌入式系统通常具有功耗低、体积小、集成度高等特点，并且可以满足不同应用的特定需求。

接下来介绍嵌入式系统的一些例子：

(1) 智能手机。智能手机是一种嵌入式系统，它具有高度集成的处理器、内存、存储器、传感器、通信模块等组件，可以支持各种应用程序和功能，如电话、短信、电子邮件、浏览器、社交媒体、相机等。

(2) 汽车控制系统。汽车控制系统是一种嵌入式系统，它包括多个子系统，如发动机控制系统、制动控制系统、转向控制系统、车载娱乐系统等，通过各种传感器和执行器可实时监测和控制车辆的各个方面。

(3) 医疗设备。医疗设备是一种嵌入式系统，它可以监测和控制生命体征，提供诊断和治疗功能，如心电图机、血糖仪、呼吸机、血压计等。

(4) 工业自动化。工业自动化是一种嵌入式系统，各种现代控制理论的算法在嵌入式的应用已经十分成熟，它可以控制和监测各种工业过程或设备，如流水线、机器人、控制系统等，以提高生产效率和减少人工干预。

(5) 智能家居。智能家居是一种嵌入式系统，它可以自动控制家庭设备和家居环境，如照明、空调、安防、音乐等，以提高生活的便利性和舒适性。

表 2.1　通用计算机和嵌入式系统的对比

特　征	通用计算机	嵌入式系统
形式和类型	看得见的计算机。通用计算机按其体系结构、运算速度和结构规模等因素可分为大、中、小型机和微机	看不见的计算机。其形式多样，应用领域广泛，嵌入式系统可按应用的不同来分类
组成	由通用处理器、标准总线和外设组成。软件和硬件相对独立	面向应用的嵌入式微处理器，总线和外部接口多集成在处理器内部。软件与硬件是紧密集成在一起的
开发方式	开发平台和运行平台都是通用计算机	采用交叉开发方式，开发平台一般是通用计算机，运行平台是嵌入式系统
二次开发性	应用程序可重新编程	一般不能再编程

嵌入式即嵌入式系统，美国 IEEE(电气和电子工程师协会) 对其作出了如下定义："Device used to control，monitor，or assist the operation of equipment，machinery or plants"，即用于控制、监视，或者辅助操作机器或设备的装置，是一种专用的计算机系统。国内普遍认同的嵌入式系统的定义是，以应用为中心，以计算机技术为基础，软硬件可裁剪，适用于对功能、可靠性、成本、体积、功耗等严格要求的专用计算机系统。从应用对象上加以定义，嵌入式系统是软件和硬件的综合体，还可以涵盖机械等附属装置。嵌入式系统作为装置或设备的一部分，它是一个控制程序存储在 ROM 中的嵌入式处理器控制板。事实上，所有带有数字接口的设备都使用嵌入式系统。嵌入式系统的应用非常广泛。在家电领域，嵌入式系统被广泛应用于空调、洗衣机、冰箱等家电产品中，可实现各种智能化功能。在汽车领域，嵌入式系统被应用于汽车电子系统中，如发动机控制系统、车载娱乐系统、自动驾驶系统等。在医疗领域，嵌入式系统被应用于医疗设备中，如心电图仪、血压计、体温计等。在工业控制领域，嵌入式系统被应用于工业自动化控制中，如 PLC(可编程逻辑控制器)、DCS(分布式控制系统) 等。虽然大多数嵌入式系统是由单个程序来实现整个控制逻辑的，但为了硬件的实时响应需求，有些嵌入式系统还包含操作系统，比如常见的 FreeRTOS 便是一个迷你实时操作系统内核。FreeRTOS 作为一个轻量级的操作系统，其功能包括任务管理、时间管理、信号量、消息队列、内存管理、记录功能、软件定时器、协程等，可基

本满足较小系统的需要。在嵌入式 Linux 平台中，ROS 的发展也逐渐趋于成熟，ROS 是机器人操作系统 (Robot Operating System) 的英文缩写。ROS 是用于编写机器人软件程序的一种具有高度灵活性的软件架构，近年来也逐步随着 Ubuntu 的更新而更新，每年更新一次，同时还保留着长期支持的版本，这使得 ROS 在稳步前进发展的同时，还有着开拓创新的方向。目前越来越多的机器人、无人机甚至无人车都开始采用 ROS 作为开发平台，尽管 ROS 在实用方面还存在一些限制，但前途非常光明。

简而言之，嵌入式系统的构成包括硬件和软件两个方面。在硬件方面，嵌入式系统一般采用专用的处理器、存储器和外设来满足不同的应用需求。在软件方面，嵌入式系统通常采用实时操作系统 (RTOS) 来管理系统资源和调度任务，并实现各种功能。嵌入式软件还需要满足实时性、可靠性和安全性等要求，以保证系统的正确运行和稳定性。嵌入式系统的开发过程包括硬件设计、软件设计、调试和测试等环节。在硬件设计方面，嵌入式系统需要根据应用需求选择适当的处理器、存储器和外设，并设计电路图和 PCB 布局。在软件设计方面，嵌入式系统需要根据需求设计各种驱动程序、应用程序和操作系统内核等。在调试和测试方面，嵌入式系统需要进行硬件和软件的调试和测试，确保系统的稳定性和可靠性。

2.1.2 嵌入式系统发展的四个阶段

嵌入式系统的发展分为早期嵌入式系统、单片微处理器时代、专用芯片时代和嵌入式系统的广泛应用四个阶段。

1. 早期嵌入式系统 (1950—1970 年)

早期嵌入式系统主要是为特定领域 (如军事、航空航天领域、工业控制等) 的应用而开发的。这些系统通常由大型计算机、模拟电路和专用传感器组成，具有高度定制化和低效率等特点。例如，在军事领域中，为了可靠和满足体积、重量的严格要求，需为相关武器系统设计五花八门的专用的嵌入式系统。第一次使用机载数字计算机控制的是 1965 年发射的双子星 3 号 (Gemini Ⅲ)，第一次通过容错来提高可靠性的是 1967 年发射的阿波罗 4 号。1965 年 DEC 公司推出了 PDP-8，PDP-8 后来发展成 PDP-11 系列，成为工业生产集中控制的主力军。

2. 单片微处理器时代 (1970—1980 年)

嵌入式系统大发展是在微处理器问世之后，20 世纪 70 年代后期，单片微处理器技术的出现使得嵌入式系统变得更加实用和经济。1973 年至 1977 年间，各厂家推出了许多 8 位的微处理器，包括 Intel 8080/8085、Motorola 的 6800/6802、Zilog 的 Z80 和 Rockwell 的 6502。微处理器不仅可以用来组成微型计算机，还可以用来制造仪器仪表、医疗设备、机器人、家用电器等嵌入式系统。微处理器的应用十分广泛，仅 8085/Z80 微处理器的销量就超过 7 亿片，其中大部分用于嵌入式工业控制。微处理器的广泛应用形成了一个广阔的嵌入式应用市场，计算机厂家除了要继续以整机方式向用户提供工业控制计算机系统，还开始大量地以插件方式向用户提供 OEM 产品，再由用户根据自己的需要构成专用的工业控制微型计算机，嵌入自己的系统设备中。为了灵活兼容，形成了标准化、模块化的单板机系列。流行的单板计算机有 Intel 公司的 iSBC 系列、Zilog 公司的 MCB 等。由于兼容的要求，这也导致了工业控制微机系统总线的诞生。1976 年 Intel 推出 Multibus，1983 年扩展为带宽达 40 MB/s 的 Multibus Ⅱ。1978 年 Prolog 设计了简单的 STD 总线，该总线被广泛用于小型嵌入式系统。1981 年 Motorola 推出的 VME_Bus 则与 Multibus Ⅱ 瓜分高端市场。目前在工业控制领域，嵌入式 PC、PC104、CPCI(Compact PCI) 总线已得到了广泛应用。随着微电子工艺水平的提高，集成电路设计制造商开始把嵌入式应用所需要的微处理器、I/O 接口、A/D、D/A 转换、串行接口，以及 RAM、ROM 等部件全部集成到一个 VLSI(Very Large Scale Integration) 中，制造出面向 I/O 设计的微控制器，这就是俗称的单片机。单片机的代表性产品是 Intel 8051 单片机，它集成了处理器、存储器、I/O 端口等功能，成为广泛应用的嵌入式系统的基础。

在微处理器发展的过程中，软件技术也在逐渐发展。在微处理器出现的初期，为了保障嵌入式软件的时间、空间效率，软件只能用汇编语言编写，从而使得系统结构相对单一，处理效率低，存储容量十分有限，几乎无用户接口。由于微电子技术的进步，对软件的时空效率的要求不再那么苛刻了，嵌入式计算机的软件开始使用 PL/M 语言、C 语言等高级语言。

对于复杂的嵌入式系统来说，除了需要高级语言开发工具，为了满足实时性的需求，还需要嵌入式实时操作系统的支持。嵌入式操作系统通常需要在一定的时间限制内完成任务，因此需要具备很强的实时性能。嵌入式操作系统通常采用基于优先级的调度算法，保证高优先级任务能够及时响应。20 世纪 80 年代初开始出现了一批软件公司，这些软件公司推出了商品化的嵌入式实时操作系统和各种开发工具，如 QNX 公司的 QNX 操作系统及工具、Wind River System 公司的 VxWorks 操作系统及 Tornado 工具、Integrated Systems 公司的 pSOS 操作系统及 pRISM 工具等。嵌入式系统通常需要支持多种硬件平台，包括不同的处理器、内存、外设等。因此，嵌入式操作系统需要具备良好的可移植性，以便于在不同的硬件平台上进行移植和应用。这也使得嵌入式系统的开发从作坊式向分工协作规模化的方向发展，促使嵌入式应用扩展到更广阔的领域。

3. 专用芯片时代 (1980—1990 年)

随着技术的不断发展，嵌入式系统对处理性能、功耗、体积等方面的要求越来越高，而单片微处理器的灵活性和可扩展性受到限制。为此，专用芯片的应用逐渐增加，专用芯片是为了特定的应用而设计和制造的芯片。相比于通用芯片，专用芯片通常具有更高的性能、更低的功耗和更小的面积，同时能够针对特定的应用场景进行优化和定制。专用芯片通常由设计人员进行设计，经过设计验证和芯片制造流程，最终制成具有特定功能的芯片。在设计过程中，设计人员会根据特定的应用场景和需求，选择适当的逻辑元件、存储器、模拟电路等组成特定的功能模块，并采用各种技术进行优化，以达到特定的性能和功耗要求，从而提高了嵌入式系统的性能和可靠性。

4. 嵌入式系统的广泛应用 (1990 年至今)

进入 20 世纪 90 年代，随着各种新兴技术 (如无线通信技术、互联网技术、智能传感器技术等) 的出现，嵌入式系统得到了广泛的应用。其应用领域也从传统的军事、航空、航天扩展到了工业、医疗、家庭等多个领域，形成了一个庞大而多样化的市场。随着各种新技术的不断涌现，嵌入式系统将在更多领域发挥更重要的作用。

2.1.3   嵌入式系统的组成

嵌入式系统由以下几个部分组成。

1. 微处理器或微控制器

微处理器是一种集成电路，通常被用作计算机的中央处理单元 (CPU)。它是一种能够处理计算机指令并执行算术、逻辑和控制操作的芯片。微处理器的功能类似于计算机的大脑，它能够解释和执行软件指令，控制计算机的各种操作。微处理器通常由运算器 (ALU) 和控制单元 (CU) 两个主要部分组成。运算器执行算术和逻辑运算，控制单元负责控制数据流和指令流，以便将指令送到运算器中执行。微处理器的每一个指令都被编码成一个二进制数，并按照特定的规则存储在存储器中。微处理器使用程序计数器 (PC) 来跟踪当前正在执行的指令的位置，并将指令加载到运算器中执行。微处理器在嵌入式系统中扮演着至关重要的角色，是控制和处理嵌入式系统操作的主要组件。除了执行基本的计算任务，微处理器还负责控制输入和输出设备、管理内存、执行网络通信和加密算法等任务。不同的微处理器有不同的架构、指令集和性能。例如，x86 架构的微处理器通常用于个人电脑和服务器，而 ARM 架构的微处理器通常用于移动设备和嵌入式系统。根据应用需求，选择合适的微处理器对于设计和开发嵌入式系统至关重要。

2. 存储器

存储器是计算机系统的重要组成部分，用于存储程序、数据和指令。它由一组电子存储单元组成，可以在需要时存储和检索数据。嵌入式系统也不例外，存储器在其中扮演着重要的角色，用于存储操作系统、应用程序、配置数据、传感器数据等。在嵌入式系统中，存储器通常分为随机存储器 (RAM) 和只读存储器 (ROM) 两种类型。RAM 是一种易失性存储器，意味着它需要持续的电源供应来保持存储的内容。RAM 通常用于存储变量和其他动态数据，如堆栈、堆和全局变量等，因为它们需要在程序执行期间进行读写。RAM 的优点是它可以快速读写，但缺点是数据存储不稳定，一旦停电就会丢失。ROM 是一种只读存储器，它的内容在制造时被烧录，不能被更改。ROM 通常用于存储程序代码、操作系统和其他固定数据。它的优点是数据存储稳定，即使在停电情况下也能保持，缺点是它的读取速度比 RAM 慢。除了 RAM 和 ROM，还有一些其他类型的存储器，如闪存、EEPROM 和 NVRAM 等。这些存储器通常用于嵌入式系统中的特定应用，例如，闪存通常用于存储操作系统和应用程序，EEPROM 用于存储配置数据，NVRAM 用于存储持久性数据 (如日志文件和事件记录)。总之，存储器在嵌入式系统中扮演着非常重要的角色，对于系统的性能和稳定性都有很大的影响。设计者需要根据系统的应用场景选择合适的存储器类型和容量。

3. 输入设备

输入设备是指将数据和指令输入计算机或其他电子设备的外部设备。在嵌入式系统中，输入设备通常包括各种传感器、键盘、鼠标和触摸屏等。

4. 输出设备

输出设备是指将计算机或其他电子设备处理后的信息显示出来的外部设备。在嵌入式系统中，输出设备通常包括显示器、打印机、扬声器和 LED 等。

5. 通信接口

通信接口是指用于不同设备之间进行数据传输的标准或协议。在嵌入式系统中，通信接口常常用于实现嵌入式系统与其他设备之间的数据交互和通信，如传感器数据采集、无线通信、网络通信等。

6. 电源

嵌入式系统需要电源供电，通常使用电池、交流适配器或其他电源。

7. 外壳

嵌入式系统通常需要一个外壳来保护电子元件，并且该外壳应方便使用者操作。

2.2 基于MCU的智能感知电路系统设计

2.2.1 MCU 的基本概况和编程方法

1. MCU 的基本概况

MCU(Microcontroller Unit) 是一种集中央处理器 (CPU)、存储器 (ROM、RAM)、输入 / 输出接口 (I/O)、定时器 / 计数器 (Timer/Counter)、模拟 / 数字转换器 (ADC/DAC) 等功能于一芯片上的微型计算机系统。它通常用于嵌入式系统，广泛应用于家电、汽车、医疗设备、智能设备、工业控制等领域。MCU 的架构通常较为简单，且资源有限，功耗低，能量较小。它通常包括一个或多个处理器核心、内存、外设和接口等，形成一个完整的系统。

MCU 作为一种嵌入式系统的核心处理器，经历了多年的发展和演变。早期的 MCU(1970—1980 年) 采用了 4 位或 8 位的处理器核心，其运行速度较慢，存储容量有限，它们通常用于简单的控制任务，如家电、汽车电子、办公设备等。随着处理器技术的进步，在 20 世纪 80 年代后期，16 位 MCU 开始出现。16 位 MCU 提供了更高的计算性能和更大的存储容量，这使得 MCU 在更复杂的应用领域 (如工业控制、医疗设备、通信设备等) 得到了广泛应用。在 20 世纪 90 年代后期，32 位 MCU 逐渐崭露头角。32 位 MCU 具有更高的处理性能、更大的存储容量和更丰富的外设接口，这使得它们在高度复杂的嵌入式应用中得到了广泛应用，如智能手机、汽车电子、工业自动化等。

随着集成电路技术的进步，MCU 的集成度不断提升，单芯片上集成的功能越来越多。例如，一些现代的 MCU 已经集成了 WiFi、蓝牙、射频、传感器、图形处理器等功能，从而使得嵌入式系统更加智能化和高效化。同时，随着对能源效率需求的不断增加，低功耗 MCU 得到了广泛关注和应用。这些低功耗 MCU 通常采用先进的制程技术、优化的架构和功耗管理技术，以实现更低的功耗水平，从而延长嵌入式系统的电池寿命，并满足节能环保的要求。此外，随着人工智能和机器学习的快速发展，MCU 开始应用于 AI 和机器学习领域。一些新型 MCU 通过集成 AI 加速器、优化神经网络算法和支持高性能计算等特性，使得在嵌入式设备上实现边缘人工智能成为可能。还有，随着对嵌入式系统安全性的要求越来越高，越来越多的 MCU 开始注重安全性设计，包括硬件安全模块、加密算法、安全引导和运行时安全机制等，以保护嵌入式系统的数据和运行安全。由此可见，未来 MCU 将会朝着智能化、集成度高、安全性高、低功耗的特点发展。例如，随着物联网 (Internet of Things, IoT) 的快速发展，一些特定应用领域的 MCU 逐渐兴起，如传感器节点、智能家居、智能穿戴设备等。这些 MCU 通常具有低功耗、小尺寸、丰富的通信接口和先进的安全特性，以满足不同应用领域的需求。

总的来说，MCU 作为嵌入式系统的核心处理器，经历了多年的发展和演变。从早期的 4 位、8 位 MCU，到现在的 32 位、低功耗、安全性和用于 AI 的 MCU，不断推动了嵌入式系统在各个应用领域的发展和创新。未来，随着技术的不断进步和需求的不断变化，MCU 仍然将继续发展，并在嵌入式系统中发挥重要作用。

2. MCU 的编程方法

MCU 通常需要通过软件编程来实现其功能。常见的 MCU 编程语言包括汇编语言、C 语言等。开发 MCU 的软件工具包括编译器、调试器、仿真器、开发板等。开发人员可以使用这些工具来编写、调试和测试 MCU 的程序代码。

以下是 MCU 编程的一般步骤。

(1) 硬件配置。根据目标应用需求，配置 MCU 硬件资源，包括引脚配置、时钟配置、外设配置等。

(2) IDE(集成开发环境) 配置。选择合适的 IDE(如 Keil MDK、IAR Embedded Workbench、Microchip MPLAB X 等)，并进行配置，包括选择 MCU 型号、设置编译器选项、调试器配置等。这些 IDE 提供了丰富的开发工具 (包括编辑器、编译器、调试器、仿真器等)，方便程序员进行代码编写、编译、调试和仿真。

(3) 编写代码。使用汇编语言、C 语言或其他编程语言编写 MCU 程序，以实现所需的功能。可以使用嵌入式系统库提供的函数和 API，或者直接对寄存器进行编程。

(4) 编译。使用 IDE 提供的编译器将源代码编译成 MCU 可执行的二进制文件 (通常是 HEX 或 BIN 格式)。

(5) 烧录。将编译好的二进制文件通过调试器、仿真器或者烧录器烧录到 MCU 的存储器中，通常是闪存、EEPROM 或者 RAM。

(6) 调试。使用 IDE 提供的调试和仿真功能，对 MCU 程序进行单步调试、断点设置、寄存器查看、内存监视等操作，以定位和解决问题。

(7) 优化。对 MCU 程序进行性能优化、存储空间优化、功耗优化等，以满足目标应用的需求。

(8) 测试和验证。对已烧录到 MCU 的程序进行功能测试和验证，确保程序在实际硬件中正常运行。

需要注意的是，MCU 编程通常需要深入理解硬件和软件，并具备一定的嵌入式系统和电子硬件知识。同时，不同供应商和型号的 MCU 之间的编程方法和工具可能有所不同，因此建议在开始 MCU 编程前详细阅读相应的文档和参考手册，并参考 MCU 供应商提供的示例代码和应用笔记。

在具体编写代码时，MCU 通常使用汇编语言或 C 语言等低级语言进行编程。汇编语言是一种底层的机器语言，直接操作 CPU 寄存器和内存，对硬件资源的控制更为精细，但编写和调试较为烦琐。而 C 语言是一种高级语言，提供了更高的抽象层次和代码可读性，可以更快速地开发和调试 MCU 程序。具体接手一个项目后，在编写代码的过程中，主要分为以下三种方法进行编程和开发。

(1) 汇编语言编程。下面是一个简单的 8051 单片机汇编语言的示例代码，用于将两个 8 位数相加并将结果存储在寄存器中。

```
; 8051 汇编语言示例代码
; 将两个 8 位数相加
; 定义程序入口地址
ORG 0H
; 定义变量
NUM1 EQU 30H        ; 第一个数存储地址
NUM2 EQU 31H        ; 第二个数存储地址
SUM  EQU 32H        ; 结果存储地址
; 程序开始
START:
    MOV A, @NUM1    ; 将 NUM1 的值加载到累加器 A
    ADD A, @NUM2    ; 将 NUM2 的值与 A 相加
    MOV @SUM, A     ; 将累加器 A 的值存储到 SUM
    SJMP $          ; 程序结束
; 结束
END
```

这段汇编代码使用 8051 的汇编语言指令，包括 MOV(将值从一个地方移动到另一个地方)、ADD(将两个值相加)、SJMP(无条件跳转) 等。代码中使用了寄存器和内存地址进行数据传输和计算，并将结果存储在指定的内存地址 SUM 中。需要注意的是，汇编语言是一种低级语言，对硬件资源和指令集有较强的依赖，编写和调试汇编代码需要对硬件

和汇编语言的细节有深入了解。同时，不同的 MCU 可能有不同的汇编语言和指令集，因此在编写汇编代码时需要参考 MCU 供应商提供的文档和参考手册。

(2) 寄存器级编程。MCU 的核心是一组寄存器，用于对硬件资源进行配置和控制。寄存器级编程是一种直接访问寄存器的方式，通过对寄存器进行位操作或者内存映射，实现对 MCU 硬件的精细控制。下面是一个简单的基于 ARM Cortex-M 系列微控制器的寄存器级编程示例代码，用于点亮和熄灭一个 LED。

```
#include "stm32f4xx.h"          // 包含 STM32F4 系列微控制器的寄存器定义头文件
int main(void)
{
  // 初始化 LED 引脚
  RCC->AHB1ENR |= RCC_AHB1ENR_GPIOAEN;          // 使能 GPIOA 时钟
  GPIOA->MODER |= GPIO_MODER_MODER5_0;          // 设置 GPIOA Pin5 为输出模式
  GPIOA->OTYPER &= ~GPIO_OTYPER_OT_5;           // 设置 GPIOA Pin5 为推挽输出
  GPIOA->OSPEEDR |= GPIO_OSPEEDER_OSPEEDR5;     // 设置 GPIOA Pin5 的输出速度为高速
  // 无限循环
  while (1)
  {
    // 点亮 LED
    GPIOA->BSRR |= GPIO_BSRR_BS_5;              // 设置 GPIOA Pin5 引脚为高电平
    for (int i = 0; i < 1000000; i++);          // 延时一段时间
    // 熄灭 LED
    GPIOA->BSRR |= GPIO_BSRR_BR_5;              // 设置 GPIOA Pin5 引脚为低电平
    for (int i = 0; i < 1000000; i++);          // 延时一段时间
  }
}
```

这段代码使用了 STM32F4 系列微控制器的寄存器级编程方法，通过直接操作微控制器的寄存器来控制 GPIO(通用输入 / 输出) 引脚，从而点亮和熄灭一个 LED。代码中使用了 RCC(时钟控制器) 和 GPIO 寄存器，通过设置和清除寄存器中的位来控制引脚的输入和输出状态。需要注意的是，寄存器级编程需要对微控制器的硬件架构和寄存器映射有深入了解，并且对编程语言、编译器和微控制器的编程规范有严格掌握。同时，不同的微控制器可能有不同的寄存器映射和寄存器操作方式，因此在编写寄存器级代码时需要参考微控制器供应商提供的文档和参考手册。

(3) 利用嵌入式系统库进行开发。许多 MCU 供应商提供了专门的嵌入式系统库，例如 STM32Cube HAL 库、Arduino 库、AVR Libc 等，这些库包含了丰富的函数和 API，用于对 MCU 硬件资源的访问和控制，简化了 MCU 编程过程。下面是两个简单的示例代码，使用了嵌入式系统的标准库 (CMSIS) 和硬件抽象层 (HAL 库) 进行开发，以点亮和熄灭一个 LED。

基于 STM32F4 系列微控制器，使用 CMSIS 进行开发时，代码如下：

```
#include "stm32f4xx.h"                    // 包含 STM32F4 系列微控制器的寄存器定义头文件
int main(void)
{
    SystemInit();                         // 初始化系统时钟
    RCC->AHB1ENR |= RCC_AHB1ENR_GPIOAEN;  // 使能 GPIOA 时钟
    GPIOA->MODER |= GPIO_MODER_MODER5_0;  // 设置 GPIOA Pin5 为输出模式
    while (1)
    {
        GPIOA->BSRRL |= GPIO_BSRR_BS_5;   // 设置 GPIOA Pin5 引脚为高电平，点亮 LED
        for (int i = 0; i < 1000000; i++); // 延时一段时间
        GPIOA->BSRRH |= GPIO_BSRR_BR_5;   // 设置 GPIOA Pin5 引脚为低电平，熄灭 LED
        for (int i = 0; i < 1000000; i++); // 延时一段时间
    }
}
```

当使用 HAL 库进行开发时，代码如下：

```
#include "stm32f4xx_hal.h"                          // 包含 STM32F4 系列微控制器的 HAL 库头文件
GPIO_InitTypeDef GPIO_InitStruct;                   // 定义 GPIO 初始化结构体
int main(void)
{
    HAL_Init();                                     // 初始化 HAL 库
    __HAL_RCC_GPIOA_CLK_ENABLE();                   // 使能 GPIOA 时钟
    GPIO_InitStruct.Pin = GPIO_PIN_5;               // 设置 GPIOA Pin5
    GPIO_InitStruct.Mode = GPIO_MODE_OUTPUT_PP;     // 输出模式，推挽输出
    GPIO_InitStruct.Speed = GPIO_SPEED_FREQ_HIGH;   // 高速输出
    HAL_GPIO_Init(GPIOA, &GPIO_InitStruct);         // 初始化 GPIOA Pin5
    while (1)
    {
        HAL_GPIO_WritePin(GPIOA, GPIO_PIN_5, GPIO_PIN_SET);   // 点亮 LED
        HAL_Delay(1000);                                     // 延时一段时间
        HAL_GPIO_WritePin(GPIOA, GPIO_PIN_5, GPIO_PIN_RESET); // 熄灭 LED
        HAL_Delay(1000);                                     // 延时一段时间
    }
}
```

在这两个示例中，使用了不同的库进行开发。使用 CMSIS 时，通过直接操作寄存器来控制 GPIO 引脚。使用 HAL 库时，通过调用 HAL 库提供的函数来进行初始化和操作 GPIO 引脚，抽象了硬件操作，使得代码更加简洁和易读。同时，HAL 库还提供了更高层次的抽象，包括对时钟、定时器、中断等的处理，使得开发者可以更方便地进行嵌入式系统的开发。需要注意的是，使用不同的库时可能会有不同的开发方法。

　　从上述三种开发方法可以看到，三种方法各有优劣。因此在嵌入式系统的开发中，可以使用汇编语言编程、寄存器级编程和库开发相结合的方式进行开发。这种联合开发的方法通常可以充分发挥不同技术的优势，既可以直接控制硬件资源，又可以利用现有的库来简化开发流程。

2.2.2　传感器技术和 RFID 技术

　　传感器在智能感知电路系统中扮演着关键的角色，用于从环境中获取各种物理量、化学量、生物量等信息，并将其转换为数字信号或模拟信号，以供系统进行处理和分析。需要注意的是，在不同的智能感知电路系统中，传感器的类型和数量可能会有所不同，具体的应用取决于系统的需求和设计。

　　传感器作为物联网 (IoT) 和智能系统的重要组成部分，未来将趋向小型化、集成化、无线通信、智能化、高精度、低功耗、数据融合、安全保护、人工智能应用、生物医学应用和环境保护等方向发展。其中的两个发展趋势尤为重要。第一，传感器将趋向更小、更轻、更薄和更灵活的方向发展，以适应日益减小的物联网设备和智能系统的尺寸要求。同时，越来越多的传感器将集成其功能于一个芯片上，以实现多模态传感和多功能集成。第二，传感器将与人工智能 (AI) 和机器学习 (ML) 技术融合应用，以实现更为智能化和自动化的感知、分析和决策。传感器将通过 AI 和 ML 技术，自动识别和分析复杂的数据模式，并根据结果作出智能决策，从而提高传感器的自主性和智能性。

　　读者可利用传感器技术设计一个简单的基于 MCU 的智能感知电路系统。但是对于一个复杂的智能感知电路系统，常常会用到 RFID(Radio Frequency Identification，射频识别) 技术。

　　RFID 技术是一种通过射频信号实现物体识别和数据传输的无线通信技术。它通过在物体上植入一个小型电子标签 (称为 RFID 标签) 和一个射频读写器 (称为 RFID 读写器或 RFID 阅读器)，并利用 RFID 标签和 RFID 读写器之间进行的无线通信，实现对物体的唯一识别和信息传递。RFID 技术包括 RFID 标签、RFID 读写器和后端信息系统三个主要组成部分。RFID 标签通常由芯片和天线组成，芯片内含有存储信息，天线用于接收和发送射频信号。RFID 读写器通过射频信号与 RFID 标签进行通信，并将读取到的信息传送给后端信息系统进行处理和管理。后端信息系统可以是物流管理系统、资产管理系统、数据中心等，该系统用于处理 RFID 标签传递的信息并实现相关的业务逻辑。

　　RFID 技术具有许多优点，包括：无须视线可直接传输数据，可以实现高速、非接触和自动化识别，可以在恶劣环境中工作，可批量读取等。因此，RFID 技术在物流和供应链管理、资产管理、智能交通、零售和物品追溯、智能医疗、智能建筑和安防等领域得到了广泛应用。

　　下面是 RFID 技术在智能感知电路系统中的一些应用示例。

　　(1) 物流和供应链管理。RFID 标签可以被附加在物品上，实现物流和供应链的自动化管理。通过读取 RFID 标签上的信息，可以追踪物品的位置、状态和历史信息，从而实现物品的溯源、管理和监控。

(2) 资产管理。利用 RFID 技术可以对企业、组织或个人的资产（如设备、工具、文档等）进行管理。通过在资产上安装 RFID 标签，可以实现资产的实时定位、状态监测、库存管理和防盗功能，从而提高资产管理的效率和准确性。

(3) 智能交通。RFID 技术可用于智能交通系统中，如用于电子收费、智能停车等。通过在车辆上安装 RFID 标签，可以实现车辆的自动识别、通行管理和交通信息收集，从而提高交通管理的智能化和效率。

(4) 零售和物品追溯。RFID 技术可用于零售行业中，如用于商品管理和防盗等。通过在商品上安装 RFID 标签，可以实现商品的实时监控、库存管理、防盗和溯源功能，从而提高零售业务的效率和安全性。

(5) 智能医疗。RFID 技术可用于医疗行业中，如用于医疗器械管理、病人身份识别、药品追溯等。通过在医疗器械、病人腕带、药品包装上安装 RFID 标签，可以实现医疗资源的追踪、管理和控制，从而提高医疗服务的质量和安全性。

(6) 智能建筑和安防。RFID 技术可用于智能建筑和安防系统中，如用于门禁、楼宇管理等。通过在建筑物门禁、电梯、监控设备等位置安装 RFID 读写器和标签，可以实现对人员和物品的身份识别、权限管理和安全监控。

需要注意的是，RFID 技术通常被认为是一种传感器技术，尽管在技术的定义和应用中两者存在一些不同之处。RFID 技术在智能感知电路系统中常常与传统的传感器技术一起使用，但 RFID 技术本身更注重物体的唯一识别和信息传递，而不是直接检测和测量环境中的物理量、化学量、生物量等信息或状态。因此，RFID 技术通常被认为是传感器技术的补充或扩展。RFID 技术与传感器技术可以融合在智能感知电路系统中，以实现更广泛的应用和功能。

2.2.3　基于 MCU 的智能感知电路系统设计方法

基于 MCU 的智能感知电路系统的设计一般可以遵循以下步骤。

(1) 系统需求分析。明确智能感知电路系统的功能和性能要求，包括要监测的物理量、环境条件、目标应用场景等。根据需求分析，选择合适的传感器技术和 MCU 型号，并确定 MCU 的性能和接口需求。

(2) 传感器选型与集成。选择合适的传感器元件，例如温度传感器、湿度传感器、压力传感器等，考虑其测量范围、精度、功耗等因素，并对传感器与 MCU 进行硬件接口设计和电气连接，以实现传感器数据的采集和处理。

(3) MCU 硬件设计。根据 MCU 的性能和接口需求，进行硬件设计，包括 MCU 的外部时钟、电源管理、外设接口（如 GPIO、UART、SPI、I2C 等）的设计和连接，确保 MCU 与传感器、其他外设的正常通信和协同工作。

(4) MCU 软件设计。使用合适的编程语言和开发环境对 MCU 进行编程，包括传感器数据的采集、处理和存储，系统的控制和决策逻辑的实现，以及与其他外设的通信和协同工作。可以使用 MCU 的官方开发工具、编程语言（如 C、C++、汇编语言等）、嵌入式操作系统等进行软件设计。

(5) 系统集成与测试。将传感器和 MCU 进行硬件连接和软件集成，并进行系统测试，验证系统的功能和性能是否符合设计要求。根据测试结果进行优化和调整。

(6) 系统应用和部署。根据实际应用场景，将智能感知电路系统部署到目标环境中，并进行实际应用测试。根据测试结果进行优化和改进，以满足实际应用需求。

(7) 系统维护和管理。对智能感知电路系统进行定期维护和管理，包括传感器的校准和维护、MCU 软件的优化和升级等，以确保系统的稳定和可靠运行。

经设计的基于 MCU 的智能感知电路系统可以应用于各种领域，例如物流管理、智能农业、智能制造、智能城市等，实现对环境和物体状态的实时感知、远程监测和智能控制。

如果需要设计一个智能环境监测系统，且该系统需要同时感知温度、湿度和光照强度，那么可以使用一个多模态传感器模块，且该模块应集成温度传感器、湿度传感器和光照传感器。该传感器模块通过接口与嵌入式系统连接，并通过特定的驱动程序或库进行配置和控制。

在编程中，可以使用相应的库函数或 API 来访问多模态传感器的数据。例如，对于温度和湿度传感器，可以使用相应的库函数来读取传感器的输出数据，并进行数据处理和单位转换。对于光照传感器，可以使用相应的 API 来读取光照强度的数值。以下是一个基于 I2C 协议的温度采集模块 HAL 库开发代码的示例，使用 STM32 系列 MCU 作为示例：

```c
#include "stm32f4xx_hal.h"
// 定义 I2C 地址和温度寄存器地址
#define TEMP_SENSOR_ADDR 0x48
#define TEMP_REG_ADDR 0x00
I2C_HandleTypeDef hi2c1;              // I2C 句柄
// 温度传感器初始化函数
void TempSensor_Init(void)
{
    hi2c1.Instance = I2C1;
    hi2c1.Init.ClockSpeed = 100000;
    hi2c1.Init.DutyCycle = I2C_DUTYCYCLE_2;
    hi2c1.Init.OwnAddress1 = 0;
    hi2c1.Init.AddressingMode = I2C_ADDRESSINGMODE_7BIT;
    hi2c1.Init.DualAddressMode = I2C_DUALADDRESS_DISABLE;
    hi2c1.Init.OwnAddress2 = 0;
    hi2c1.Init.GeneralCallMode = I2C_GENERALCALL_DISABLE;
    hi2c1.Init.NoStretchMode = I2C_NOSTRETCH_DISABLE;
    HAL_I2C_Init(&hi2c1);
}
// 温度传感器读取温度值函数
float TempSensor_ReadTemperature(void)
```

```
    {
        uint8_t tempData[2];                        // 存储温度数据的缓冲区
        uint16_t rawTemp;                           // 原始温度值
        float temperature;                          // 计算后的温度值
        // 启动 I2C 传输
        HAL_I2C_Master_Transmit(&hi2c1, TEMP_SENSOR_ADDR << 1, &TEMP_REG_ADDR, 1,
        HAL_MAX_DELAY);
        // 读取温度数据
        HAL_I2C_Master_Receive(&hi2c1, TEMP_SENSOR_ADDR << 1, tempData, 2, HAL_MAX_DELAY);
        // 将两个字节的温度数据合并为 16 位整数
        rawTemp = (tempData[0] << 8) | tempData[1];
        // 计算温度值，具体计算方法根据传感器型号而定
        temperature = (rawTemp / 65536.0) * 165 - 40;
        return temperature;
    }
    int main(void)
    {
        HAL_Init();
        TempSensor_Init();
        float temp = TempSensor_ReadTemperature();       // 读取温度值
        // 将温度值通过串口或其他方式进行输出
        while (1)
        {
            // 系统主循环
        }
    }
```

以上代码示例演示了如何使用 STM32 的 HAL 库初始化 I2C 接口，并通过 I2C 协议与温度传感器通信，读取温度值并进行计算。需要注意的是，具体的传感器型号和通信协议可能会有不同的实现方式，开发时需根据实际情况进行调整。同时，还需要根据具体的硬件平台和项目要求进行相关配置和适配。

获取传感器数据后，可以使用数据融合算法，如加权平均或滤波器，将不同传感器的数据融合，从而得到更准确和可靠的环境信息。以下是一个简单的中值滤波算法的 C 语言代码示例：

```
#include <stdio.h>
// 定义滤波窗口大小
#define WINDOW_SIZE 5
// 中值滤波函数
int medianFilter(int arr[], int n)
{
```

```c
    int temp;
    // 对滤波窗口内的数据进行排序，采用简单的冒泡排序
    for (int i = 0; i < n - 1; i++)
    {
        for (int j = 0; j < n - i - 1; j++)
        {
            if (arr[j] > arr[j + 1])
            {
                temp = arr[j];
                arr[j] = arr[j + 1];
                arr[j + 1] = temp;
            }
        }
    }
    // 返回中值
    return arr[n / 2];
}
int main()
{
    int data[] = {3, 7, 2, 8, 6, 4, 1, 5, 9, 0};          // 原始数据
    int filteredData[sizeof(data) / sizeof(data[0])];      // 滤波后的数据
    printf(" 原始数据： ");
    for (int i = 0; i < sizeof(data) / sizeof(data[0]); i++)
    {
        printf("%d ", data[i]);
    }
    printf("\n");
    // 对每个数据点进行中值滤波
    for (int i = 0; i < sizeof(data) / sizeof(data[0]); i++)
    {
        int window[WINDOW_SIZE];                           // 滤波窗口
        int windowStart = i - WINDOW_SIZE / 2;
        int windowEnd = i + WINDOW_SIZE / 2;
        // 边界处理，若窗口超出数据范围则直接取边界值
        if (windowStart < 0)
        {
            windowStart = 0;
        }
        if (windowEnd >= sizeof(data) / sizeof(data[0]))
        {
```

```
        windowEnd = sizeof(data) / sizeof(data[0]) - 1;
    }
    // 将窗口内的数据复制到滤波窗口中
    for (int j = windowStart; j <= windowEnd; j++)
    {
        window[j - windowStart] = data[j];
    }
    // 对滤波窗口内的数据进行中值滤波
    filteredData[i] = medianFilter(window, windowEnd - windowStart + 1);
}
printf(" 中值滤波后的数据： " );
for (int i = 0; i < sizeof(filteredData) / sizeof(filteredData[0]); i++)
{
    printf("%d ", filteredData[i]);
}
printf("\n");
return 0;
}
```

以上代码示例演示了一个简单的中值滤波算法，对滤波窗口内的数据进行排序并选择中值作为滤波结果。具体的滤波窗口大小、排序算法和边界处理方式等可根据实际需求进行调整。需要注意的是，在实际应用中，中值滤波算法可能需要根据具体传感器数据的特点和噪声情况进行参数优化和适配，以获得最佳的滤波效果。此外，中值滤波只是常见的滤波方法之一，不一定适用于所有场景，可以根据具体需求考虑其他的滤波算法，如均值滤波算法、高斯滤波算法等。在获取滤波后的传感器数据后，便可根据用户的不同需求进行相应的评估。

在使用多模态传感器时，还需要考虑传感器之间的干扰和校准。例如，温度传感器和湿度传感器可能会相互影响，因此可能需要进行校准以消除干扰。此外，不同传感器的输出数据可能具有不同的单位和量程，因此需要进行单位转换和标定，以保证数据的一致性和准确性。

2.3　机器人智能感知电路系统设计

嵌入式设计和机器人之间有着密切的关系。嵌入式设计是指在一个系统中嵌入一个或多个微型计算机，从而实现特定的功能，而机器人则是一种能够执行各种自主任务的智能设备，通常也需要嵌入式设计来实现其各种功能。本节将以 RoboMaster 步兵机器人为例，介绍机器人智能感知电路系统的设计。

2.3.1 机器人电机驱动设计方法

1. 法拉电容恒功率电源管理系统

法拉电容恒功率电源管理系统是一种先进的电源管理技术，它利用法拉电容的储能特性来实现恒定功率输出。在这种系统中，电源输出的能量被存储在法拉电容中，当需要输出能量时，法拉电容中的能量释放到负载中，从而实现恒定功率输出。这种系统通常用于需要高精度功率控制和高可靠性的场合，例如医疗设备、实验室设备、通信设备等领域。法拉电容恒功率电源管理系统的优点如下。

(1) 恒定功率输出。由于法拉电容可以存储能量，因此可以在需要时释放恒定功率的能量。

(2) 高精度功率控制。利用法拉电容的储能和释放特性可以实现高精度的功率控制。

(3) 高可靠性。法拉电容具有高可靠性和长寿命，可以保证电源系统的可靠性和稳定性。

(4) 简化系统设计。法拉电容恒功率电源管理系统可以简化系统设计，减少元器件数量，降低系统故障率。

法拉电容恒功率电源管理系统可以为用户提供高精度、高可靠性和简化的系统设计方案。法拉电容恒功率电源管理系统有三个插头，其输入电压一般不超过 28 V，电容组耐压推荐 27 V。系统既可以通过 CAN 总线反馈电容电压、输入电流、输入电压、设定的功率四个数据，用于监控供电状态，又可以通过 CAN 总线设定功率，功率调节范围为30～130 W，默认功率为 35 W(35 W 恒功率控制，30～135 W 可调，输出电压最高值小于输入电压 2 V)。

控制板采用同步 Buck 结构，采集输入功率，实现输入功率控制，经过滑模控制、前馈控制等控制算法实现恒功率控制。当输入有电时，自动打开输出；当输入断开时，自动关闭输出。当外部电容或输入中的一个有电时，法拉电容恒功率电源管理系统的控制器都会工作，可以与主控板通信。当底盘电机 (负载) 超过设定功率时，输入也不会超过设定的功率，不足部分由法拉电容补偿。由于法拉电容容量有限，补偿的时间也有限，所以超功率不宜太久。通常 5 F(由 10 个 50 F 的电容串联而成) 的电容，完全满足使用要求。

在主控板正常工作的时候，电容相当于直接接在负载两端，当电机电压在超过额定功率时不恒定，这种设定对电机负载来说，比升压设计更有效。C620 电调具有优秀的电流环设计，能抑制输入电压的缓慢变化带来的影响，当步兵机器人进行刹车等操作时，回馈的电流会直接冲回电容组。而升压方案中，升压效率理想情况下仅 90%，损耗很大，且刹车等情况会造成升压输出端的泵升电压，处理不当重则烧毁电调。

2. 控制软件设计

步兵机器人系统架构包括电源管理、通信模块、姿态感知和控制器等组件，各组件之间紧密配合，共同实现机器人的运动控制和功能实现。

(1) 电源管理。通过大疆 TB48 电源进行供电，通过裁判系统的电源管理模块和三块分电板实现电源管理 (云台、底盘、供弹部分的供电)。

(2) 通信模块。通过大疆的 DBUS 接收机和遥控器对机器人进行控制，各组件之间的通信通过 C 板的串口和 CAN 口，以及分电板上的 CAN 口进行通信。

(3) 姿态感知。姿态感知通过大疆 C 板自带的陀螺仪获取机器人的姿态信息。通过大疆的 BMI088 陀螺仪，以官方提供的 AHRS 算法库的姿态解算例程为基础，结合本队步兵机器人小部分的修改，可以完成姿态感知。首先，虽然官方例程中加入磁力计数据的处理，可以综合两者来计算出当前姿态，但是姿态解算中使用磁力计时，可能会受到磁场干扰的影响。磁场干扰会使磁力计产生误差，从而导致姿态解算结果不准确，所以最终以陀螺仪数据为准，通过开源算法 MahonyAHRSupdateIMU() 进行姿态解算。其次，温控会拖慢，一定程度上影响姿态解算，因此也取消了对 BMI088 的温度控制。通过加速度计来测量倾角的方式为：一个单轴的加速度计位于重力水平面上的时候，它在垂直方向上受到的加速度为 1 g，在水平方向上受到的加速度为 0。当把它旋转一个角度的时候，就会在水平轴上产生一个加速度分量。通过它们的关系，就可以计算出该单轴加速度计的倾角。

(4) 控制器。通过 PID 和 FreeRTOS 算法实现机器人的运动和状态控制。

3. 操作系统

云台开发板和底盘开发板均使用 FreeRTOS 作为嵌入式开发的操作系统。FreeRTOS 是一个开源、实时、小巧、灵活的操作系统内核。它是由 Richard Barry 创建的，现在由 AWS 提供支持和维护。FreeRTOS 专注于嵌入式系统和微控制器应用，支持多种处理器架构和开发工具链。

2.3.2　机器人视觉感知设计方法

机器人视觉是系统的重要组成部分。步兵算法部分的功能模块主要有工业相机驱动、装甲板识别、能量机关识别、坐标解算、击打预测和串口通信，其功能如表 2.2 所示，算法运行流程如图 2.1 所示。

表 2.2　步兵算法模块功能

模　　块	功　　能
工业相机驱动	优化后迈德威视工业相机 SDK 封装，实现相机参数控制及图像采集
装甲板识别	传统 CV 方式根据灯条匹配装甲板，筛选出最适合击打的装甲板；目标检测神经网络识别装甲板，以鲁棒性更强的方式筛选适合击打的装甲板
能量机关识别	传统 CV 方式根据能量机关的灯条特征，识别出需要击打的扇叶目标
坐标解算	将相机画面中的二维坐标解算为云台三维坐标系下的笛卡尔坐标值，并解算出云台坐标系中心到已识别到装甲板中心的距离
击打预测	根据击打位置和弹丸速度，增加枪口补偿和弹丸下落补偿，可以计算出待击打位置的云台角信息
串口通信	与机器人下位机进行通信，获取机器人状态，以及发送信息至机器人云台

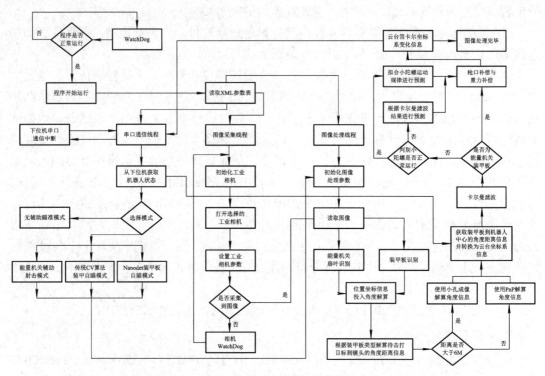

图 2.1　算法运行流程示意图

　　编写算法的过程中，我们将使用 OpenCV。OpenCV 的全称为 Open Source Computer Vision Library，OpenCV 是一个跨平台的开源计算机视觉和机器学习软件库，可用于开发实时的图像处理、计算机视觉以及模式识别程序。该软件库也可以使用 Inter 公司的 IP 进行加速处理。OpenCV 旨在为计算机视觉应用程序提供通用基础架构，并加速机器感知在商业产品中的使用。该软件库有 2500 多种优化算法，其中包括一套全面经典的、较为先进的计算机视觉和机器学习算法。这些算法可用于检测和识别人脸、识别物体、对视频中的人类行为进行分类、跟踪摄像机的运动、跟踪移动物体、提取物体的三维模型、从立体摄像机中产生三维点云、将图像拼接起来以产生整个场景的高分辨率图像、从图像数据库中找到类似的图像、从使用闪光灯拍摄的图像中去除红眼、跟踪眼睛的运动、识别风景并建立标记以叠加到增强现实中等等。OpenCV 拥有超过 4.7 万人的用户群，估计下载量超过 1800 万。该软件库在公司、研究小组和政府机构中被广泛使用。

　　在计算机视觉中，YOLO、SSD、FastR-CNN 等模型在目标检测方面的速度较快，精度较高，但是这些模型比较大，不太适合移植到移动端或嵌入式设备中。轻量级模型 NanoDet-m，对单阶段检测模型三大模块 (Head、Neck、Backbone) 进行轻量化，目标检测速度很快；模型文件大小仅几兆 (小于 4 M)。NanoDet 使用了李翔等人提出的 Generalized Focal Loss 损失函数。该函数能够去掉 FCOSCenterness 分支，省去这一分支上的大量卷积，从而减少检测头的计算开销，非常适合轻量化部署。NanoDet 是一个速度超快和轻量级的移动端、Anchor-free 目标检测模型。该模型具备以下优势。

(1) 超轻量级。模型文件大小仅几兆 (小于 4 M)。

(2) 速度超快。在移动 ARM CPU 上的速度达到 97 fps(帧 / 秒)(10.23 ms)。

(3) 训练友好。GPU 内存的成本比其他模型的低得多。GTX1060 6G 上的 Batch-size 为 80 即可运行。

(4) 方便部署。提供了基于 OpenVIN 推理框架的 C++ 实现和 demo。部署 Nanodet 可以应用于装甲板识别。使用的计算平台硬件多为 NUC，GPU 能力较弱，在算力条件受限的异动机器人上，保证能够正常进行实时识别是首要任务，所以超轻量级的 Nanode 网络成为优选项。同时 Nanodet 需要的训练资源较少，在模型角度，可以更快地进行模型迭代。官方仓库内也提供了便于部署的 demo，在部署至机器人上时工期更短。在训练数据集的制作方面，我们以 python 脚本对往届比赛视频进行跳帧抓取处理，可以使用百度 EasyData 平台进行协同标注，制作包含 2500 张图片的数据集，分辨率为 Nanodet 使用较多的 416×416。训练集与验证集的比例为 8∶2，使用的标注格式为上海交通大学 RoboMaster 标注格式。

基于上述算法基础，装甲检测部分使用传统 CV 算法，只检测灯条，无识别数字，因此相机曝光时间调得很短，采集图像后先二值化，然后提取轮廓，根据几何关系对轮廓进行拟合筛选，最后组合成装甲板，根据装甲板的角点与装甲板的大小进行 PnP 解算，得到装甲板的坐标，如图 2.2 所示。

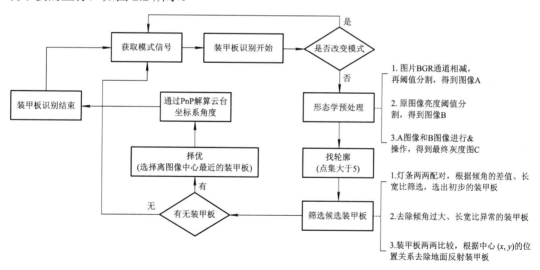

图 2.2　算法运行流程示意图

其中，找出目标轮廓主要利用了 findContours 函数中的 contours，将找到的轮廓用旋转矩形标识出来利用的是椭圆拟合矩形函数 fitEllipse。原因是椭圆拟合出来的角度更加准确，且表示的角度范围在 −180° 到 180° 之间，可以减少额外的转换运算。利用椭圆拟合矩形的角度，灯条的角度限定在 −30° 到 30° 之间。

在装甲板自瞄模式中，可以采用黑箱形式的神经网络目标检测系列。仅需要输入原始图像，而不需要经过任何人工的操作，即可由训练好的神经网络自动进行目标检测并标注出位置，实现目标跟踪。该方案至少节省了颜色处理、像素处理、筛选装甲板和灯条拟合等步骤。使用卷积神经网络和目标检测模型不仅能大幅减少算法开发人员的负担，还能提升识别准确率，为操作手操作提供更准确和有效的帮助，如图 2.3 所示。

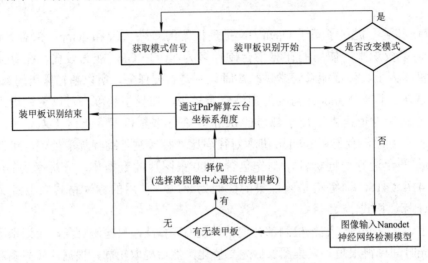

图 2.3　Nanodet 目标检测神经网络的装甲板自瞄算法流程图

▶▶ ◉ 课程思政 ···

　　1. 嵌入式系统的广泛应用对能源消耗和环境影响具有挑战性。在中国特色社会主义生态文明建设的背景下，如何促进绿色嵌入式系统的研发与应用，推动节能减排和可持续发展，实现经济增长与环境保护的良性循环？

　　2. 嵌入式系统的发展推动了科技普及和数字化社会建设，但也带来了数字鸿沟的问题。如何确保嵌入式技术的普惠性，缩小城乡、各区域和社会各阶层之间的数字鸿沟，实现科技发展的公平效应和共享机制？

　　3. 随着机器人智能感知电路系统的发展，如何关注社会责任和人文关怀，确保人机协同的和谐发展，避免技术对人类社会造成负面影响，促进技术的良性应用与人的尊严、权益的保障？

▶▶ ◉ 拓展思考 ···

　　1. 谈谈对嵌入式的理解，以及嵌入式的发展前景。
　　2. 请论述低功耗高性能电路设计对嵌入式系统的作用。
　　3. 请给出基于 STM32 的智能手环设计方案。
　　4. 请给出基于嵌入式 Linux 下 Web 控制台的智能家居设计方案。
　　5. 请给出自动巡线机器人设计方案。

▶▶ 🔊 本章参考文献 ···

[1] BANJANOVIĆ-MEHMEDOVIĆ L, HUSIĆ L, HUSAKOVIĆ A, et al. FPGA based logistics service robot control in e-commerce warehouse system[M]//New Technologies, Development and Application VI: Volume 1. Cham: Springer Nature Switzerland, 2023: 461-469.

[2] ZUO X, LIU Y. Efficient intelligence with applications in embedded sensing[J]. Sensors, 2023, 23(10): 4816.

[3] CHAKRABORTY S K, SUBEESH A, POTDAR R, et al. AI-enabled farm-friendly automatic machine for washing, image-based sorting, and weight grading of citrus fruits: Design optimization, performance evaluation, and ergonomic assessment[J]. Journal of Field Robotics, 2023, 40(6): 1581-1602.

[4] SHARMA R, VASHISTH R, SINDHWANI N. Study and analysis of classification techniques for specific plant growths[M]//Advances in Signal Processing, Embedded Systems and IoT: Proceedings of Seventh ICMEET-2022. Singapore: Springer Nature Singapore, 2023: 591-605.

[5] WU Y M, LIU S Y, SHI B Y, et al. Iot-interfaced solid-contact ion-selective electrodes for cyber-monitoring of element-specific nutrient information in hydroponics[J]. Available at SSRN 4457369.

第 3 章　基于近似计算技术的智能感知电路系统

在迅猛发展的人工智能领域，近似计算技术逐渐崭露头角，成为智能感知电路系统设计中的一颗璀璨明珠。在智能装置与系统愈加普及的今天，人们对于高性能和低能耗的需求呈现出前所未有的迫切性。近似计算技术作为一种新颖而富有潜力的方法，正在引领着智能感知电路系统在能效和性能之间寻找更为优化的平衡点。基于近似计算技术的智能感知电路系统，融合了传统计算和近似计算的优势，为智能设备的设计带来了全新的思路。它不仅可以在保证必要精度的前提下，大幅度减少计算资源的消耗，还能够更好地适应不确定的环境和任务变化。从视觉感知到数据分析，从嵌入式系统到云端应用，近似计算技术都在为智能感知电路系统注入活力。本章将全面介绍基于近似计算技术的智能感知电路系统，详细梳理近似计算的基本概念，从智能感知的角度，阐述近似计算在面向智能感知的应用、存储和系统设计方法等三个方面的相关知识。通过本章的学习，读者将深入了解低功耗高性能近似计算，同时掌握在智能感知电路系统中应用近似计算技术进行系统设计的方法。

3.1　近似计算的基本介绍

3.1.1　传统低功耗高性能电路的基本设计方法

自 20 世纪 70 年代以来，以计算机和通信技术为主的信息产业革命对整个人类社会的发展产生了极大的推动作用，支撑这一技术革命的集成电路设计技术也同样经历了不同的发展阶段。如图 3.1 所示，在实际应用中，图像和视频处理算法的复杂度和处理数据规模不断攀升。为适应这样的变化，集成电路工艺不得不逐代演进，从而不断提升处理性能以适应实际的运算需求。自 1965 年著名的摩尔定律被提出之后，集成电路中 CMOS 器件的特征尺寸便逐步减小。在之后五十多年的时间中，CMOS 器件的特征尺寸由微米量级缩小到纳米量级，且目前主流半导体企业已进入 10 nm 的制造区间。1975 年，Dennard 博士对摩尔定律进行了数理方面的研究，在其发表的关于 CMOS 器件特征尺寸缩放的研究中可以看到，随着特征尺寸的不断缩小，电路的性能会不断提升，消耗的能量会降低，而功耗则维持常量不变。这一研究结论非常重要，是设计者在集成电路发展前期更关注电路性能提升而不关注电路功耗降低的有力依据。然而随着后摩尔时代集成电路功耗瓶颈问题的出现和实际应用中处理数据规模的不断增大，在保证一定运算性能的前提下，如何降低集成电路功耗并提升电路能效成为研究热点。

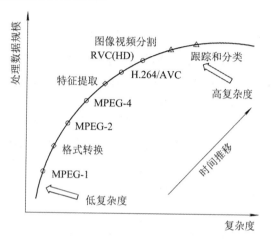

图 3.1　图像和视频处理算法的发展趋势示意图

在嵌入式计算领域，手机、笔记本、平板电脑、可穿戴电子设备和无线传感节点等的计算速度要求比高性能服务器低，但是受限于电池容量发展缓慢的问题，针对这些设备的电路系统需要尽可能低的功耗，如此才能有效地提高设备的实用性。当然，针对能量受限的问题，也可以在电源部分进行深入的探索。但是，电池的发展速度远远落后于实际应用中处理器的发展速度，如图 3.2 所示。

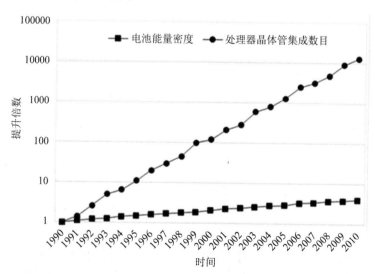

图 3.2　处理器晶体管集成数目与电池能量密度的发展趋势

虽然石墨烯电池等概念频频见于各种报道，但是距离标准产业化尚有一段距离。此外还有能量采集技术，该技术主要是通过振动、温度差和太阳能来进行能量收集的。然而这一技术所能提供的功率较为有限，只在数百微瓦到数毫瓦之间。同时应当注意的是，随着新型的视觉技术和智能算法的不断发展，高清晰图像处理系统和人工智能等具有大规模处理数据的应用也逐渐被移植到嵌入式移动端。因此，在保证一定计算速度的前提下，应尽可能地降低电路系统的功耗开销。如何实现高能效计算电路的设计成为嵌入系电路系统急需解决的问题。

在高性能计算领域 (如科学计算、移动互联网和大规模感知计算等领域)，大数据时代的计算资源需求之大及其产生的能耗同样令人震惊。根据预测，在未来的十年中，社会生产需要处理的信息量会增长 50 倍，但是支撑这一信息计算的处理器数目只有 10 倍左右的增长。目前，加强对云计算技术的应用，改进数据中心能源效率，是实现"十四五规划"中碳中和和碳达峰目标的重要手段。如图 3.3 所示，全球云计算二氧化碳排放量呈现大幅度增长的趋势。因此，从大规模数据处理的能效需求角度看，不论是在嵌入式计算领域，还是在高性能计算领域，在保证一定计算性能的前提下，降低电路能耗，设计高能效的集成电路，对提升设备的实用性、降低能耗成本和保护环境都有较大的研究意义。

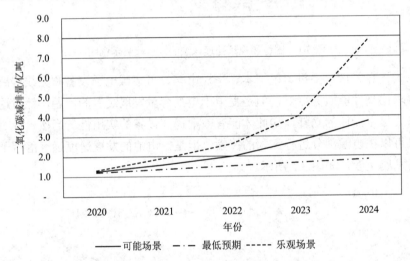

图 3.3   全球云计算二氧化碳减排预测 (2020—2024 年)

从集成电路自身的发展趋势来看，高能效电路设计同样是研究的热点。在集成电路发展初期，设计者更关注如何提高电路性能而非降低电路功耗。如表 3.1 所示，在摩尔时代，假设工艺节点间的器件等比例缩小因子为 S，若 $S = 90\ nm/65\ nm = 1.4$，则在一定面积下，在 65 nm 工艺下的晶体管数目 (Q) 是 90 nm 工艺下的 S^2 倍，运行频率 (F) 是 90 nm 工艺下的 S 倍，单个晶体管的寄生电容 (C) 是 90 nm 工艺下的 $1/S$。如果供电电压 (V_{DD}) 能够降低为原来的 $1/S$，那么电路功耗 $P = Q \times F \times C \times V_{DD}^2 = 1$，即电路功耗保持不变，但是消耗的能量变为原来的 $1/S(E = P/F = 1/S)$。然而遗憾的是，自 2005 年开始，不论是学术界还是工业界都预测到这一工艺演进所带来的优势将受到阻碍，即支撑摩尔定律的基本数理模型在个别参数上的预测发生了改变。在后摩尔时代，随着工艺的不断演进，供电电压基本维持不变 ($V_{DD} = 1$)。因此，电路的功耗反而会呈平方增长 ($P = Q \times F \times C \times V_{DD}^2 = S^2$)，消耗的能量也呈线性增长 ($E = P/F = S$)，这就是后摩尔时代集成电路的能耗瓶颈问题。这一问题随着集成工艺的不断演进而逐渐严重，因此在后摩尔时代，高能效集成电路的设计成为研究热点。

表 3.1　摩尔时代和后摩尔时代工艺参数演进

晶体管特性	摩尔时代	后摩尔时代
晶体管数目 (Q)	S^2	S^2
运行频率 (F)	S	S
寄生电容 (C)	$1/S$	$1/S$
供电电压 (V_{DD})	$1/S$	1
功耗 $(P = Q \times F \times C \times V_{DD}^2)$	1	S^2
能量 $(E = P/F)$	$1/S$	S

注：S 为工艺节点间的器件等比例缩小因子 (Scaling Factor)。

导致供电电压不能随工艺演进而线性减小的原因较为复杂，但是大部分可归结为器件的阈值电压问题。首先，在纳米量级的 CMOS 器件中阈值电压降低微小，这是因为过小的阈值电压会导致较大的泄漏功耗，且泄漏功耗所占的比例会随着工艺演进不断增加，如图 3.4 所示。同时，在阈值电压降低微小的情况下，虽然强行降低供电电压可以有效降低电路功耗，但是当供电电压强行降低并接近阈值电压时，整个电路的运行速度会大幅度下降。这主要是因为 CMOS 器件源极和漏极电流的减小会导致晶体管的充放电能力下降。如此，整个电路的运行速度会下降，从而就不能满足高性能计算的要求以及部分嵌入式系统对电路实时处理性能的要求，这一问题在片上存储中也同样存在。

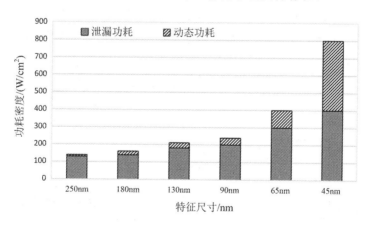

图 3.4　CMOS 器件功耗组成示意图

其次，工艺演进所带来的偏差进一步加剧了电路的能耗问题。如图 3.5 所示，造成工艺偏差和扰动的因素很多，且成因复杂，更为致命的是电路噪声并不会随着供电电压的下降而线性下降。这些工艺偏差和扰动对数字集成电路的关键路径造成较大影响，使得关键路径在既有时钟下发生时序违背的概率大大增加。因此，设计者不得不通过适当提升供电电压（或者降低运行频率）来克服工艺偏差的扰动所带来的不确定性，即所谓的预留设计余量。关键路径越长，需要的额外消耗就越多，而传统电路设计中关键路径的设定往往考虑最坏情况，即便这一最坏情况在实际数据输入时的激发概率并不是很高。在片上存储方面，降低供电电压后存储单元翻转错误的概率增大，设计者也不得不增加其他冗余来保证存储过程的可靠性。

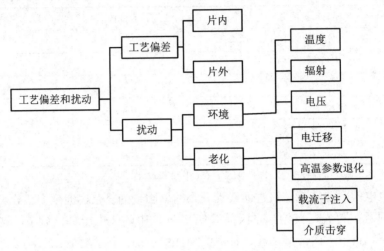

图 3.5　工艺偏差和噪声扰动来源

3.1.2　近似计算的引入

由于数字电路的能耗正比于供电电压的平方，因此降低供电电压是设计低能耗电路行之有效的方法。然而受限于阈值电压和工艺偏差等原因，降低供电电压后的性能损失是必须解决的问题。事实上，通过降低供电电压进行低能耗电路的设计经历了一系列的演变过程，最终引入了近似计算作为设计高能效数字电路的有效手段，如图 3.6 所示。

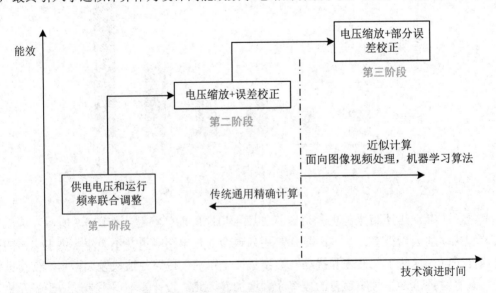

图 3.6　高能效数字电路设计发展示意图

在第一阶段，在降低供电电压获得低能耗的同时，为了避免造成数字电路发生时序违背等情况,设计者同时降低了电路的运行频率。这就是早期的保守调度设计,但这一设计方法不能满足高性能计算和部分嵌入式系统对实时性能的要求,且其计算效率不高。

在第二阶段,设计者在降低供电电压后并没有降低系统的运行频率,而是采用过缩放电压 (Voltage over Scaling,VoS) 技术,同时配合检错和纠错机制来解决电压降低过程中的时序违背问题。这一设计思路的重要前提是数字电路在实际运算中发生时序违背的概率较小,因此引入检错和纠错的额外消耗不高。

可以看到,前两个阶段是面向传统通用精确计算的设计。然而,在实际的电路系统中,由于第二阶段的检错和纠错机制是面向整个系统的;因此,对于对系统最终输出质量贡献不大的非关键计算来说,同样给予检错和纠错的保护机制是一种很大的浪费。在此阶段,设计者试图在降低供电电压的过程中保持运行频率不变,同时通过冗余手段解决电路的时序违背问题,从而保证最终计算的精确性。其中具有代表性的是基于 Razor 触发器的电路级检错和纠错技术,以及基于关键路径延时自适应技术两种设计方法。

基于 Razor 触发器的电路级检错和纠错技术最早发表于 2003 年,该电路的基本原理是在传统的主触发器上面添加一个影子锁存器 (Shadow Latch),该影子锁存器的运行时钟比主触发器的运行时钟要慢一段时间,这样就形成了一个时间窗口。利用这个窗口可以检测到电压降低后关键路径被激发或者电路噪声带来的时序错误。一旦在窗口内检测到这一错误,err 信号就会被置为高电平,此时误差标志信号同样置为高电平,电路触发器被锁定并对错误进行纠正,直到恢复正确后才能继续进行下一步的运算。这一设计的基本前提就是在实际应用中,原始关键路径被激发的概率较低,否则系统会不停地进行检错和纠错。应当注意的是,按照数字电路时序约束的基本规则,此时电路的关键路径延时虽然可以通过检错和纠错机制来保证计算正确,但是最短路径的延时反而成了设计的关键点,因为此时必须保证电路的最短延时大于上述的时间窗口,否则会造成电路在时钟上升沿后的输出数据直接污染下一级触发器输入的致命错误。一旦发生这种情况,即便采用降低运行频率的方法也无济于事。因此这种设计往往需要大量的额外冗余来保证电路的可靠运行,设计复杂度高且额外引入的功耗对设计收益有很大的抵消。

基于关键路径延时自适应技术与基于 Razor 触发器的电路级检错和纠错技术较为类似。设计者同样观察到了传统电路设计中关键路径的激发概率其实并不高,一个 8 位串行加法器最坏延时的出现频率远远小于整个关键路径一半延时的出现频率。不同于 Razor 触发器的电路级被动检错和纠错的方式,关键路径延时自适应技术在降低供电电压后保持运行频率不变,同时通过部分输入数据来预测关键路径是否会被激发。一旦预测单元检测到关键路径会在本次运算中会产生,就会分配额外时钟周期给当前的电路进行计算,从而避免时序错误的产生,保证整个电路系统的正确运行。

在第三阶段,近似计算被引入数字电路设计中。当前被广泛使用且具有大规模数据计算需求的特定应用,如图像处理和感知计算等,具备以下特点:

(1) 人体感知灵敏度有限。例如,在图像有损压缩的过程中,人眼对输出峰值信噪比为 30 dB 以上的图像敏感度不高。

(2) 算法本身具有容错特性。例如,图像处理和基于卷积神经网络的感知计算在运算或训练过程中对部分误差有容错能力。因此，在近似计算设计中，整个应用的计算过程可以被分为重要计算和非重要计算，其中非重要计算所产生的误差对最终输出质量的影响有限。

根据这些特点，考虑到近似计算电路比传统精确计算电路具有更高的运行能效，因此在第三阶段，设计者采用近似计算对特定应用的输出质量和电路能效进行折中设计。在面向智能感知的应用中，如在图像离散余弦变化和量化的过程中，设计者可以在采用精确计算电路保证低频分量计算正确的情况下（人眼对低频分量的变化更为敏感），对其他部分非关键的高频分量采用近似计算电路进行计算，在损失部分图像输出质量的情况下使电路运行能效得到了提升。

综上所述可知，近似计算电路的核心思想是改变传统设计方法中算法与电路一一精确映射这一原则，针对应用本身的可容错特性和输出质量的可折中性，将整个应用的计算过程划分为不同级别。在实际应用的计算过程中，对不同级别的计算采用不同的硬件电路分别处理。如图 3.7 所示，系统的输出质量可以分为重要计算产生的输出质量和非重要计算产生的输出质量。传统电路设计中，在降低供电电压后，由于没有对重要计算进行相应的保护，即没有采用相应的检测和纠错机制，因此其相应的输出质量下降极快，从而导致系统最终的输出质量下降较快，造成了供电电压虽然得到了降低，但是电路系统无法工作的问题。而在近似计算电路设计中，设计者可以对关键性计算采取相应的保护措施，解决低供电电压下的时序违背和性能损失问题。因此其重要计算的输出质量和系统最终的输出质量随着供电电压的降低呈现缓慢下降的趋势。将传统电路设计和近似计算电路设计相比可以看出，近似计算电路设计的本质是输出质量与电路性能和能耗的折中。同时可以看出，区别于第二阶段面向整个电路系统进行检错和纠错的设计方法，近似计算电路在面向特定应用的设计中可以取得更好的能效收益。

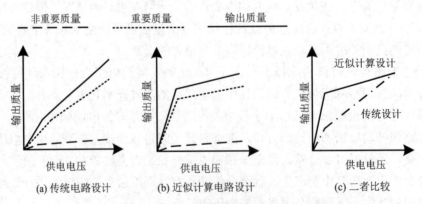

图 3.7   传统电路设计和近似计算电路设计的对比

由于图像和视频处理，以及智能感知计算等应用的不断发展，近似计算所具备的潜力逐渐受到研究者的关注，并在不同设计层面上进行了研究和探索，相关成果也见于各重要会议和期刊中。表 3.2 展示了近似计算在算法程序、系统架构、电路单元和设计方法四个层面的相关研究。

表 3.2　近似计算在不同层面的研究内容现状

研究层面	相 关 工 作
算法程序	Code approximation(代码近似)，Thread fusion(线程融合)，Loop approximation(循环近似)
系统架构	ISA extension(指令扩展)，Accelerators(加速器)，Approximate SRAM/DRAM(近似片上静态 / 动态存储)
电路单元	Voltage overscaling(电压过缩放)，Approximate logic(近似逻辑)，Imprecise transistor(近似晶体管)，Analog computing(模拟计算)
设计方法	Functional-based analysis(功能函数分析方法)，PMF(概率谱密度分析方法)，LUT-based analysis(查找表分析方法)

(1) 在算法程序方面，一种思路是通过修改编译器引入近似计算，即允许程序员根据自身需求和算法应用的特点，将加法等基本运算在代码一级引入一定的近似计算，编译器则负责将这些基本运算映射到相应的精确或者近似计算单元中；另一种思路则是将程序运行中相似的进程进行融合或者部分展开循环计算，引入一定程度的近似计算，从而加速程序运行过程。

(2) 在系统架构方面，研究者首先设计具有近似计算功能的计算核，然后通过扩展指将原始程序中的部分计算由近似计算核接管，整个过程类似传统设计中的协处理器架构。同时在数据存储方面，通过多电压控制方式将整个片上存储进行划分，其中对于低位比特数据采用较低的供电电压并引入部分近似存储，从而降低系统能耗。

(3) 在电路单元方面，由于在算法程序层面和系统架构层面都不可避免地需要实体计算电路支持，因此电路层面的近似计算设计是关键，主要包括可近似计算的基本加法器等运算单元的设计。这一层面的研究内容较为丰富，既可以采用 VoS 的方式对计算单元引入部分近似计算，又可以在逻辑门电路层面或者晶体管层面引入近似计算，或者采用模拟电路进行高能效的近似计算。

(4) 在设计方法层面，研究者主要解决如何快速有效地分析和评估近似计算电路的输出质量这一问题，从而保证所采用的近似计算电路在设计阶段能够运行在可靠且可预期的区间范围内。比较有代表性的工作是功能函数分析方法、概率谱密度分析方法和查找表分析方法。

目前，近似计算在数字集成电路设计方面虽然取得了部分研究成果，但是在基本运算单元、存储和设计方法等层面仍然面临较多问题，归纳起来有如下几点。

(1) 由于在算法程序和系统架构层面都需要基本计算电路支持，因此设计高能效、低误差的近似计算单元是近似计算数字集成电路设计的研究重点。现有的近似计算单元设计虽然通过部分逻辑电路取得了一定的能效提升，但是其输出误差均方值较高，使得近似计算单元在图像处理等具有可容错特性的应用中实用性较差。研究者需要提供高能效、低均方误差的近似计算单元，从而为后续的电路系统设计提供有力的计算支撑。

(2) 在近似存储方面，现有工作主要采用不同供电电压方案或不同刷新频率等方法，在引入部分近似计算的同时降低片上静态随机存储器 (Static Random Access Memory, SRAM) 和片外动态随机存储器 (Dynamic Random Access Memory, DRAM) 的运行能耗。然而上述方法需要对原始存储系统进行大幅度修改。研究者需要提供更为有效的方案，该方案在引入近似计算的同时能够以较少的额外开销降低片上和片外的存储能耗，从而有效解决现有工作设计复杂和通用性不强等问题。

(3) 在电路输出质量的分析和评估方面，现有工作主要通过电路行为级建模或参数拟合的方式对近似计算电路输出误差进行评估，评估速度缓慢且评估精度较低。研究者需要解决现有工作分析评估过程缓慢且精度不高的问题。

3.2　面向智能感知的近似计算单元

最早提出近似计算概念的是著名学者冯·诺依曼，他在 1956 年发表的采用不可靠计算模块进行可靠计算的论文中提出了 TMR(Triple Modular Redundancy) 技术。如图 3.8 所示，复制原始计算模块，得到两个复制计算模块，并将原始计算模块和两个复制计算模块的输出连接到判决器。如果计算模块在运行过程中由于噪声等其他原因产生不一致的输出结果，判决器就会根据多数优先原则进行最终的判决和输出。应该注意两点，一是判决器本身不能有任何计算误差或是受到其他噪声干扰；二是基于 TMR 技术的近似计算设计并不能带来功耗的降低或能效的提升，这是因为增加的冗余就高达 200%，但是在航天等可靠性计算要求较高的场合，TMR 技术仍然被广泛地应用。

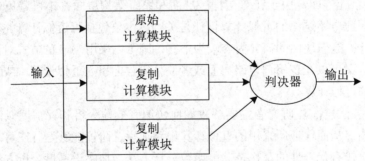

图 3.8　采用不可靠计算模块进行可靠计算

从冗余的角度出发，利用算法容错特性的另一项技术是 ANT(Algorithm Noise Tolerant) 技术。如图 3.9 所示，在主运算电路模块之外设计一个简化版本的辅助运算电路模块。这个辅助运算电路模块是主运算电路模块的近似计算版本，相比于主运算电路模块，其关键路径延时要小很多，且输出的近似结果等效于精确计算结果在低位输出比特发生部分计算错误。将二者的输出结果作差，同时指定一个误差阈值。当整个电路的供电电压降低时，如果主运算电路模块没有发生时序违背，那么主运算电路模块和辅助运算电路模块的差值一般会小于指定的误差阈值，于是多路选择器选择主运算电路模块的输出值作为最终的输出结果。当主运算电路模块发生时序违背时，关键路径发生时序违背所产生的错误往往会污染最终输出的高位比特，即造成极大的误差结果。此时主运算电路模块和辅助运算电路模块输出结果的差值会大大超过误差阈值，多路选择器则会选择辅助运算电路模块的输出作为最终的输出结果，即对当前的计算结果进行了误差补偿。

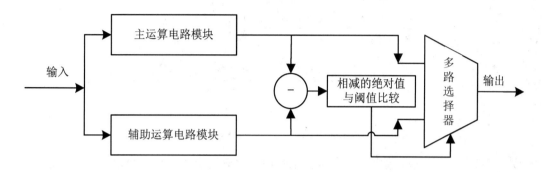

图 3.9　ANT 技术方案

从本质上讲，ANT 技术采用了可控的近似计算来补偿关键路径时序违背产生的不可控输出误差。其收益的根本来源就是电压的降低所带来的能量节省，同时其运行频率没有降低，这与第一阶段的保守设计和第二阶段的整体电路系统检错和纠错是完全不一样的。应当注意的是，ANT 技术所面临的主要问题是辅助运算电路模块所带来的额外开销。同时可以看到，虽然 ANT 技术被归为电路层面的近似计算技术，但是其更多的是面向计算方式方法进行描述。其辅助近似电路的设计细节并没有详细论述。因此，ANT 技术的真正实用还需要设计关键路径延时小且输出误差低的基本运算单元电路，这样才能在降低供电电压的同时保证输出误差在一定范围内，即保证最终电路系统的输出质量在可接受区间的同时获得低功耗高性能的计算效益。

3.2.1　晶体管结构下的近似计算单元设计

Palem 教授最早在 CMOS 器件层面引入近似计算，即 PCMOS(Probabilistic CMOS)。根据其工作中的相关论述，单比特反相器在完全正确的输出状况下，一次翻转需要的能量下限是 $(\ln 2)kT$，其中，k 为玻尔兹曼常数，T 为绝对温度。如果输出正确的概率不再是 1，此时概率记为 $p(0.5<p<1)$，那么一次翻转需要的能量下限是 $(\ln 2p)kT$。如图 3.10 所示，由于翻转正确概率和一次翻转消耗的能量呈指数关系，因此小部分的翻转错误会在器件层面带来较大的能耗节省。以此为理论依据，可以构建基本近似计算单元。然而，该研究成果虽然在理论层面做了大量的推导和演算工作，但是由于错误翻转主要是通过降低供电电压的方式引入的，即供电电压接近阈值电压时 CMOS 器件翻转正确概率 p 会小于 1，此时电路的充放电速度会大幅度下降。如果没有采取降低运行频率的措施，那么由这样的器件组成的运算电路会在逻辑错误的基础上进一步发生时序采样错误，这一错误比 CMOS 器件在阈值电压附近的翻转错误要大很多。上述原因使得 PCOMS 虽然在理论层面有较大的前景，但是在实际应用中遇到了较大阻碍，因此在后期没有相应的跟踪研究。

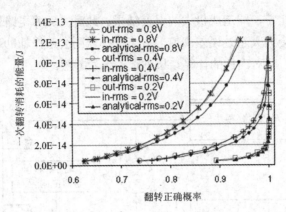

图 3.10　PCMOS 能量消耗与翻转正确概率的关系示意图

为了保证运算单元的输出误差在可控范围内，研究者提出了利用分段供电电压进行近似计算单元设计的思路，如图 3.11 所示。其基本思路是对串行加法运算单元的高位的单比特全加器提供标准的工作电压，保证其翻转正确性并且没有时序误差。对于低位的单比特全加器则依次提供较低的供电电压。这样在输出阶段，低位的单比特全加器会发生一定的计算错误，而高位的单比特全加器可以保证精确的输出结果。同时，采用这一设计思路，根据不同级别的输出质量要求，设计者可以灵活地调整供电电压的分布方式，从而可以组合出多种不同能效和输出误差的计算单元。

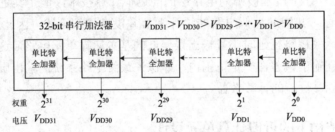

图 3.11　多电压近似计算设计

可以看到，在这一设计思路中，设计者对高位的单比特全加器，即那些对最终输出结果有高权重影响的计算单元进行了保护，这一思路在其他的近似计算单元设计中同样受到了重视。然而，这一设计方法面临较多挑战。例如，多条电源电压线同时布局时，不同电压域之间必然面临电压值转换等棘手问题。为解决上述问题所增加的额外消耗对整个预期收益造成了很大的抵消，且在实际使用的时候面临实体电路实现困难等诸多问题。

为了避免使用多电压供电的设计方式，可以对单比特全加器进行晶体管结构层面的删除，如图 3.12 所示。其基本思路是将单比特精确镜像加法器 (如图 3.12(a) 所示) 的原始晶体管结构进行部分删除，得到单比特近似镜像加法器，如图 3.12(b) 所示。删除晶体管可以减少电路总体电容，且有利于降低电路的功耗和延时，提升电路的能效。但是，删除晶体管使得单比特镜像加法器产生部分错误输出。通过设计不同近似程度的单比特近似镜像加法器，可以发现删除的晶体管越多，获得的能效收益越大，带来的近似程度和输出误差也越高。因此，将上述原始的可精确计算的单比特全加器和构造好的近似全加器进行组合。

针对串行结构的加法运算单元，在高位比特使用可精确计算的全加器，在低位比特使用近似全加器。如此整个串行加法器便会在低位输出结果中发生错误计算，而整个串行加法电路的功耗和延时得到了有效的降低。这一近似计算电路在图像处理的离散余弦变换中进行了验证，相比于直接进行截断计算的加法器结构，该近似计算单元在输出质量上表现出了更为优异的结果。然而由于需要对全加器原始电路进行晶体管结构层面的删除，因此在实际应用时设计者不得不重新构造电路版图。这一过程使得该项技术在应用时极为不便，尤其在不同计算位宽和不同精度要求的电路系统设计中面临较大的工作量，设计效率较低。

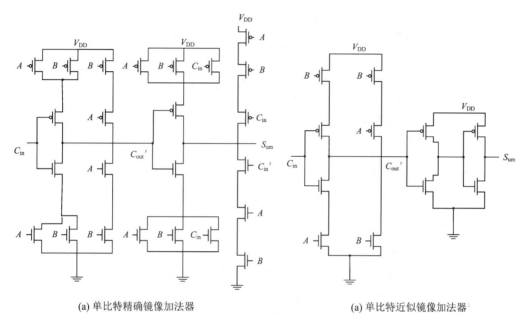

(a) 单比特精确镜像加法器　　　　　　　　　　(a) 单比特近似镜像加法器

图 3.12　晶体管级近似计算

3.2.2　门电路结构的单时钟近似计算单元设计

为了能够克服晶体管层面进行近似计算设计时所带来的灵活性差的问题，后续的设计者没有采用在晶体管一级进行近似计算单元电路设计的思路，而是试图在逻辑门一级对原始单元进行近似计算设计。如图 3.13 所示，其基本思路是将传统的串行加法器的关键路径进行预测打断，如对 N 比特的串行加法器进行分组，每 M 个全加器分为一组，整个加法器就被分为 N/M 组。最低位一组的输入进位不需要预测，直接接地。其他各组求和电路 (Sum Generator) 的进位输入分别由相应的进位生成电路进行输入。该进位生成电路的输入只是部分输入数据，因此其生成进位信号的过程可能会发生错误。通过上述方法，整个加法器的关键路径被极大地缩减，理论上只有一级进位生成电路的延时和 M 比特求和电路的延时。降低关键路径的延时可以有效提升计算电路的运行速度，或者通过降低供电电压在保证速度不变的情况下有效降低电路功耗，两种方法从本质上讲可以降低电路运行能量。同时应当注意的是，该电路的设计结构复杂度远远小于超前进位加法器，因为每一部分的进位生成单元只包含了部分输入数据而非全体输入数据。因此该近似计算单元可以在获得较高运行速度的同时，其功耗和面积也大幅度降低，且在近似加法器的设计中，这一设计在速度和功耗方面都达到了较高水平。相比于在晶体管一级进行近似计算单元设计或采用多电压分布的近似计算设计等方案，在逻辑门一级进行近似计算电路设计具有较高的灵活性，且设计过程简单，使用普通电路描述语言就可以通过 Design-Compilier 等综合器进行直接综合。因此，考虑到电路运行速度、功耗和设计复杂度等关键因素，该设计方案比其他设计方案有较大优势。

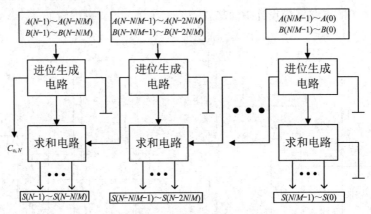

图 3.13　分级预测近似加法器

　　然而极为遗憾的是，这一近似加法器的输出误差较大，因此虽然该近似加法器具有较高的运行能效，但是在实际使用时，较大的输出误差使得采用该近似计算单元的电路系统的最终输出结果不能满足设计要求。其输出误差较大的原因较为明显，如图 3.13 所示，高位加法组的进位预测器一旦发生错误预测，最终的输出结果就会叠加上一个非常大的误差值。当被分割的每一段加法器的比特数目较少时，这一情况尤为明显。以 32 bit 的加法器为例，当每 4 bit 被分割成一段加法操作时，输出误差有可能高达 2^{28}。因此在实际应用的时候，电路系统最终的输出质量会大幅度降低，从而无法完成预期的计算任务。在随后的工作中，研究者提出了类似的近似加法器，如图 3.14 所示，设计者首先将串行加法器每 2K bit 分成一组，每组的进位输入接地，即强制预测进位为零。应当注意的是，每 2K bit 分为一组时，相邻的两组有 K bit 是重叠的。因此在输出端，每 2K bit 组成的一组只取前 K bit 作为最终输出结果，如此重复直至拼接出整个计算结果。

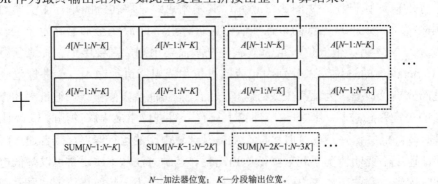

N—加法器位宽；K—分段输出位宽。

图 3.14　分组重叠近似加法器

　　为了弥补输出误差较大而无法在实际中应用的问题，后续的研究者做了大量的工作，试图在计算单元的延时、功耗和输出误差三个方面进行全面优化设计。设计者应该在保证输出误差较小的前提下尽可能地提高电路的运行能效，否则即便取得了较高的能效，计算单元也不能在实际中应用。因此，研究者为了使得高位输出误差往后推移，即输出误差进一步减小，将进位预测器进行了修改并对输出结果进行了误差补偿，如图 3.15 所示。将串行加法器每 K bit 分成一组，每组由两部分构成，一部分是进位生成电路，另一部分是计算当前输出结果的串行加法器，相邻两组间插入进位选择器。应当注意的是，第 $(i+1)$ 组的进位信号是通过两输入选择器 (MUX) 连接了第 i 和第 $(i-1)$ 两个进位生成电路。在计算某一数据时，如果第 i 部分的输入数据的每一位互不相同，则该进位预测器选择第 $(i-1)$ 部分的进位预测输出作为最终的预测进位值，否则选择第 i 部分的进位计算输出作为最终的预测进位值。在输出阶段，如果第 i 和第 $(i-1)$ 两部分输入数据的每一位都互不相同，且检测到进位预测值和实际的进位数值不一样，则将输出的近似计算结果在第 i 和第 $(i-1)$ 部分强行置 "1"，以此作为误差补偿。通过上述措施，该近似加法器降低了三个数量级的误差均方值。然而在实际应用方面，其所表现出的误差均方值量级同样在具体算法中难以得到广泛应用，对系统的整个输出质量有较大的负面影响，其根本原因在于高位比特依旧会发生错误预测，因此最终测试的误差均方值依旧较高。同时，其增加的误差补偿机制使得电路增加了不少额外开销，在运行能效方面相比于前期工作有较大劣势。

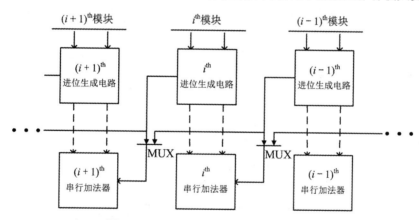

图 3.15　改进预测方式的近似加法器结构

3.2.3　门电路结构的多时钟近似计算单元设计

　　图 3.16 为一种门电路结构的多时钟近似加法器整体结构示意图。对于位宽为 n bit 的加法器，令其输入为 $A_{(n:1)}$ 和 $B_{(n:1)}$，输出为 $S_{(n:1)}$。当输入数据经过寄存器进入主体计算单元后，传统的串行加法器每 k bit 被分割为一级，即 Stage(1) 至 Stage(n/k)，共 n/k 级加法运算。每两级之间插入一个进位预测单元，即 predictor(1) 至 predictor($n/k-1$)，共 ($n/k-1$) 个进位预测单元。应当注意的是，对于每级 Stage，其运算电路完全相同，都是 k bit 的串行加法器。然而对于进位预测单元部分，在不同位置插入的进位预测单元具

有不同的电路结构。

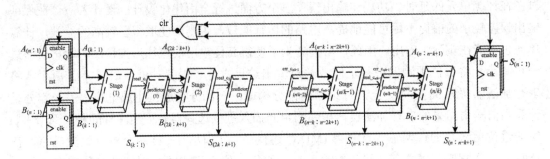

图 3.16　分段预测混合结构加法器示意图

近似计算加法器的高位比特输出部分不能被误差所污染，否则会造成较大的误差均方值。这主要是因为二进制运算从本质上讲是带有权重的运算过程，高位输出比特具有较高的运算权重，会对整个计算结果产生较大的影响。因此在图 3.16 中，如果插入高位比特的进位预测单元发生预测错误且没有被及时纠正，就会导致最终的输出结果有较大的误差，整个加法器前半段的输出结果（即第 n bit 到第 $n/2$ bit）在受到计算误差污染后，对图像等智能感知处理等应用的输出结果有较大的负面效果。因此，为了保证整个加法器高位比特可以准确计算，将第 $(n/k-1)$ 个 predictor 以及其后 $((n/k-1)/2-1)$ 个 predictor 的误差标志信号（即 $err_{n/k-1}$ 至 $err_{n/k-(n/k-1)/2+1}$）连接到或非门中，生成 clr 信号。该 clr 信号被连接到输入和输出寄存器中，成为锁存寄存器的输入信号。需要注意的是，其余的低位比特进位预测单元没有生成误差标志信号。对于新的输入数据，当高位的进位预测单元检测到错误预测时，其误差标志信号会被置为高电平，此时 clr 信号为低，将输入和输出寄存器锁定。在下一个时钟，预测错误的进位信号被纠错电路修正，直至所有误差标志信号都为低电平，此时高位的第 $(k\times(n/k-(n/k-1)/2+1))$ bit 至第 n bit 全部计算正确，clr 被置为高电平，输入和输出寄存器解锁，并可以接收下一组新数据进行计算。与此同时，低位其他部分的计算过程则在进位预测单元第一个时钟内完成，即便其间产生进位预测错误，由于误差标志信号没有被送入或非门，因此错误预测不会被检测出来，且不会引发后续的计算时钟。通过将原始关键路径进行分割，整个计算电路的延时得到了较大的缩减，大幅度地提高了运算单元的运行性能，或者在低功耗设计中，可以降低供电电压使得整个电路功耗得以下降且关键路径延时不会发生时序违背。其次，通过对高位比特计算进行检错和纠错设计，使得计算误差不会污染高权重的输出结果，从而保证了整个单元的计算精度。

进位预测单元在图 3.16 的加法器设计中占有重要地位，对整个加法器的性能有较大的影响。进位预测方式可以分为两类。

第一类中，进位预测信号 (spec_c$_i$) 是上一时钟周期遗留下的进位信号 (real_c$_i$)，如图 3.17(a) 所示。显而易见，由于涉及数据信号保留的问题，因此在这一类的预测单元中需要 1 bit 的寄存器来保留上一时钟遗留下的进位信号。同时，为了完成预测单元的检错和纠错过程，spec_c$_i$ 信号和 real_c$_i$ 信号被连接到异或门中生成误差标志信号 (err$_i$)，并同时连接到寄存器的使能端 (enable)。整个进位预测和计算过程如下：当前数据输入预测单元后，在某一时钟上升沿，real_c_i 信号被寄存器采集，此时进位预测信号 spec_c_i 和前一时钟的进位信号相等并送入 Stage(i) 加法器进行计算。在下一时钟上升沿到来之前，下一级 Stage(i - 1) 的真实进位信号 (real_c_i) 被计算出来且最终稳定，此时 real_c_i 与 spec_c_i 在异或门中被比较。若二者不相同，则输出误差标志信号 err_i 被置为 1，此误差标志信号被送入图 3.16 中的或非门中，使得 clr 信号为低电平，并将输入和输出寄存器锁定。于是在下一个时钟上升沿到来后，由于寄存器的使能端信号 enable 为高，Stage(i - 1) 的真实输出进位信号 real_c_i 被图 3.17(a) 中的寄存器再次采集，而上一时钟周期产生的错误预测信号 spec_c_i 被更新。以此类推，当所有的预测单元都预测正确时，误差标志信号全部置为低电平，clr 信号为高电平，输入输出寄存器被解锁，在下一个时钟周期可以计算新的数据。这一种进位预测单元可以被运用到图 3.16 中近似加法器的高位比特计算中，然而由于预测单元电路采用上一时钟的遗留信号作为预测值，其预测错误的概率较高。如果输入数据为均匀分布，单个预测单元预测正确的概率为 50%。因此，采用这个预测单元需要较大的额外时钟用来检错和纠错，当该运算单元进行大规模运算时，其整体用时较大，能效较低。

第二类预测单元采用部分逻辑电路对进位信号进行预测，如图 3.17(b) 所示。对位宽为 n bit，输入为 $A_{(n:1)}$ 和 $B_{(n:1)}$ 的加法器，每 k bit 被分割为一级后，对第 i 个 ($i = 1 \sim n/k - 1$) 预测单元来说，其预测值 $pred_i = A_j B_j + (A_j + B_j)(A_{j-1} B_{j-1})$，其中 $j = ik$。这种预测方式类似于超前进位加法器设计中对进位信号的提前预测方式，不过参与进位预测的数据没有包含全部的低位输入，而只是包含了两位与进位预测单元相邻的低位输入数据。采用这种类型的预测电路，其计算过程为：当前一次数据计算完毕后，所有的误差标志信号为低电平，此时图 3.16 中异或门的输出信号 clr 为低电平，输入和输出寄存器解锁。与此同时，这一信号还被连接到了图 3.17(b) 中的寄存器清零端。在时钟上升沿过后，新的数据通过寄存器送入运算单元，且所有预测单元电路中的寄存器也同时被清零。此时，进位预测信号 spec_c_i 在几个逻辑门延时后等于 $pred_i$，然后被送入加法电路 Stage(i) 进行计算。注意 spec_c_i 的逻辑值实际上是寄存器 DFF 的输出 Q 与 $pred_i$ 信号相异或计算得到的。由于此时寄存器被清零，Q 为逻辑 0 电平，而任意信号与零电平异或都等于其本身，因此采用逻辑门预测的 $pred_i$ 信号可以直接被送入 spec_c_i 中。在下一个时钟来临之前，后级加法电路 Stage(i - 1) 计算完毕，其真实进位信号 real_c_i 稳定输出。real_c_i 信号将会与当前进位预测信号 $pred_i$ 相异或，其输出值被送入寄存器 D 输入端。与此同时，real_c_i 信号与 spec_c_i 相异或生成误差标志信号 err_i。当进位预测值与真实值不相等时，err_i 信号被置为 1，与第一类预测单元类似，输入和输出数据被锁定，clr 信号为低电平。在下一个时钟上升沿过后，预测单元电路中的寄存器会采集 real_c_i 信号与 $pred_i$ 信号相异或的结果。应当注意的是，当误差标志信号 err_i 为高电位时，real_c_i 信号与 $pred_i$ 信号相异或的结果同样也为高电位，即证明上一时钟周期的进位预测结果是错误的。因此，寄存器的输出 Q 被更新为逻辑 1，与 $pred_i$ 经过异或门后，$pred_i$ 的逻辑值被翻转，于是 spec_c_i 的逻辑值最终被修正为正确的进位值。以此类推，当所有的预测单元都预测正确时，误差标志信号全部置为低电平，clr 信号为高电平，输入输出寄存器被解锁，在下一个时钟周期可以计算新的数据。这一种进位预测单元同样可以被运用到图 3.16 近似加法器的高位比特计算中，相比于第一类预测单元，采用部分输入数据进行预测的方式在预测概率上有一定的提升，如表 3.3 所示。

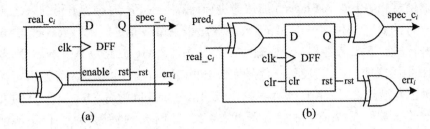

图 3.17　进位预测单元电路结构示意图

表 3.3　采用部分输入数据进行逻辑预测的真值表和检错情况

A_j	B_j	A_{j-1}	B_{j-1}	预测值	检错
1	0	1	0	0	可能有错
1	0	0	1	0	可能有错
0	1	1	0	0	可能有错
0	1	0	1	0	可能有错
1	1	1	0	1	一定正确
1	1	0	1	1	一定正确
1	1	1	1	1	一定正确
1	1	0	0	1	一定正确
0	0	1	0	0	一定正确
0	0	0	1	0	一定正确
0	0	1	1	0	一定正确
0	0	0	0	0	一定正确
1	0	1	1	1	一定正确
1	0	0	0	0	一定正确
0	1	1	1	1	一定正确
0	1	0	0	0	一定正确

从表 3.3 中的数据可以看到，当输入数据在各个计算位互不相同时，预测逻辑值为 0，且可能发生预测错误，即真实的进位值可能是 1。当输入数据在各个计算位有一处相同时，其最终的进位预测一定是正确的。因此，假设输入数据为均匀分布，则输入第 j 位和第 $(j-1)$ 位数据不相同的概率各为 1/2，后级的真实进位值为 1 的概率为 1/2，因此单个预测单元电路发生错误预测的概率为 $1/2^3$，这与第一类采用遗留进位信号作为预测值的预测单元相比，其错误概率有一定的下降，因此当其被嵌入高位比特进行精确计算时所需的额外时钟会随之下降，加法器的性能可以得到提升。同时可以看到，从本质上讲，当更多的后级输入数据被用作进位预测后，整个预测单元发生错误预测的概率会继续减小。例如，在图 3.17(b)

的基础上继续增加 A_{j-2}、B_{j-2} 和 A_{j-3}、B_{j-3}，会使预测错误概率降低到 $1/2^5$。然而多增加的逻辑预测门同样使得关键路径的延时增大，如果每级 Stage 由 k bit 全加器构成，那么预测位宽不应该超过 k 位，否则关键路径延时会超过两级 Stage 的延时，这与前期把整个关键路径每 k bit 进行分割，从而减小整个路径延时的目的背道而驰。

在采用第二类预测单元作为近似加法器高位比特计算时发现，原始的进位预测电路在运算时存在时钟冗余。如图 3.18 所示，可以看到，在采用原始预测单元后，被分割为三级的加法器 (每级 4 bit 输入形成一级加法) 需要消耗 3 个时钟才能计算完毕。这是因为在第一个时钟过后，Stage(1) 的真实进位输出信号为 1，而第一个预测单元的预测信号为 0，因此需要第二个时钟将此错误预测进行修正。然而由于 Stage(2) 的输入信号在各个位置都互不相同，且第二预测单元的进位预测输出值为 0，因此在第二个时钟末尾，第二个预测单元会检测到预测错误并引发第三个时钟周期。三个时钟周期过后，被分割为三级的加法器计算完毕。在图 3.18 中应当注意，当第一个预测单元增加预测位宽，将本级全部输入信号用作进位预测时，第一个预测单元不会发生错误预测。然而在第一个时钟末尾，第二个预测单元依旧会检测到错误预测发生，整个计算还需要两个时钟才能完成计算。归根到底，不论采用 2 bit 位宽还是 4 bit 位宽作为进位预测，由于 Stage(2) 的输入数据互不相同，第二个预测单元的预测值始终为 0，因此后级加法电路传播过来的逻辑 1 会被检测出来，并需要额外时钟修正。然而仔细观察 Stage(3)，由于其最低位的两个输入相同，因此由第二级加法电路传播过来的逻辑 1 根本不会被传播到 Stage(3) 的最高位，即不论采用 2 bit 位宽还是 4 bit 位宽作为进位预测，其最后一个时钟都是冗余的时钟消耗。如果预测单元可以增加较少的检错电路对这一情况进行检测并修改整体的运行方式，那么电路可以消除这一时钟冗余所带来的性能损失。

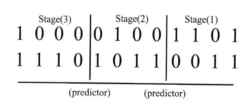

图 3.18　预测单元时钟冗余示意图

在图 3.16 所示的加法器整体结构中，近似计算部分较为突出的特点是插入的预测单元没有生成误差标志信号 err_i。从功能上讲，由于没有误差标志信号参与检错和纠错过程，因此对于近似计算部分，即便预测单元出现错误预测也不会引发后续的额外时钟周期。同时，对最终结果造成的计算误差同样也会保留并最终输出。按照图 3.16 的设计结构，高位的前 $(n/k-1)/2$ 个预测单元的误差标志信号被连接到或非门中，如此可以保证加法器高半段输出结果的计算正确性。事实上，可以在低位计算部分生成更多的误差标志信号并送入检错和纠错机制中，乃至形成可以完全精确计算的加法器设计。然而，每添加一个误差标志信号，都要使用前文的预测单元，因此其运行功耗也会相应提升。正如近似计算的根本目的是通过损失部分计算精度换取功耗的节省和能效的提升一样，对近似计算部分可以在删除误差标志信号的同时,继续简化预测单元电路结构,在损失部分计算精度的同时可以获取计算能效的提升。

然而应当注意的是,近似计算单元始终要运用到实际算法和应用中,即便所设计的近似加法器比其他同类加法器拥有更高的运行速度和更小的运行功耗,但如果其输出误差不可控,那么在实际应用中也无法使用。近似计算部分电路结构如图 3.19 所示,为方便论述,令加法器的位宽为 32 bit,每 4 bit 形成一级 Stage,按照前文所述,一共有 4 级 Stage 和 4 个预测单元被用来进行近似计算。如图 3.19 所示,4 个预测单元的结构并不相同。低位的 3 个预测单元没有生成误差标志信号 err_i,而第 4 个预测单元生成了误差标志信号 err_4,但是这一信号并没有被连接到检错和纠错逻辑门中,而是与第 4 级的加法输出结果 $S_{(16:14)}$ 通过或门进行计算。

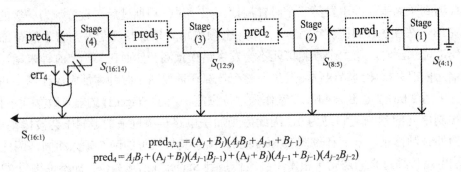

$$pred_{3,2,1} = (A_j + B_j)(A_j B_j + A_{j-1} + B_{j-1})$$
$$pred_4 = A_j B_j + (A_j + B_j)(A_{j-1} B_{j-1}) + (A_j + B_j)(A_{j-1} + B_{j-1})(A_{j-2} B_{j-2})$$

图 3.19   近似计算电路结构示意图

对于低位的 3 个预测单元,由于不需要产生误差标志信号 err_i 以及进行后续的检错和纠错过程,只需要通过预测单元将原始关键路径进行分割,保留预测逻辑部分,其他部分(如寄存器、进位链传播检测和误差标志信号生成部分)都可以一并删除。值得注意的是,对于低位的 3 个预测单元,图 3.17 进位信号预测值的计算方式是 $spec\_c_i = A_j B_j + (A_j + B_j)$ $(A_{j-1} B_{j-1})$(简称负型预测单元),而此处采用了另一种预测方式,即 $spec\_c_i = (A_j + B_j)$ $(A_j B_j + A_{j-1} + B_{j-1})$(简称正型预测单元)。仔细观察可以看到,二者在逻辑运算上互为对偶式。在表 3.3 中已经论述,对于负型预测单元,当预测值为逻辑 1 时,其预测结果一定正确。反之,当预测值为逻辑 0 时,可能会发生预测误差。换句话说,如果图 3.19 中的 4 个预测单元全部采用负型预测单元,其产生的误差全部为负向误差,即计算出来的近似结果永远小于真实结果。这一特性对近似计算有较大的不利影响,从数据统计上讲,单次计算的平均误差会因为预测单元全部产生负向误差而增大。同时,如果该近似加法器被用来进行累加操作,由于输出误差具有单向性,那么每一步加法产生的误差都会在一个方向上进行累积,这对累加运算来说是极为不利的。

因此,对近似计算部分采用了混合的预测结构来平衡输出误差。对低位的 3 个预测单元采用了正型预测结构。由于正型预测单元和负型预测单元在逻辑表达式上互相对偶,因此对于正型预测单元,当预测值为逻辑 0 时,其预测结果一定正确。反之,当预测值为逻辑 1 时,可能会发生预测误差,即所产生的误差全部是正向误差(近似结果大于真实结果)。

与此同时，对高位的第 4 个预测单元，采用了负型预测单元，如此可以有效地平衡整个输出误差结果。然而，如果只是简单地将第 4 个预测单元设定为 $spec\_c_i = A_jB_j + (A_j + B_j)(A_{j-1}B_{j-1})$，并把前 3 个预测单元设定为 $spec\_c_i = (A_j + B_j)(A_jB_j + A_{j-1} + B_{j-1})$，从统计意义上讲，对输出误差的平衡效果极为有限。其原因从本质上讲是 4 个预测单元产生的误差权重不同，分析如下：按照上述设定，假设输入数据为均匀分布，那么第 4 个预测单元产生预测错误的概率是 $1/2^3$（A_j 和 B_j 互不相等的概率为 $1/2$，A_{j-1} 和 B_{j-1} 互不相等的概率为 $1/2$，此时预测值为 0，可能发生预测错误，而后级真实进位为逻辑的 1 的概率为 $1/2$，三者相乘得到 $1/2^3$），产生的误差值大小为 -2^{16}，因此其误差期望为 $1/2^3 \times (-2^{16}) = -2^{13}$。以此类推，第 3 个到第 1 个预测单元产生的误差期望分别为 $2^9 (1/2^3 \times 2^{12})$、$2^5 (1/2^3 \times 2^8)$ 和 $2^1 (1/2^3 \times 2^4)$。由此可以明显地看到，由于误差权重的不同，即便采用混合结构的预测方式，-2^{13} 和 2^9 这两项较大的误差也难以抵消。

因此对第 4 个预测单元，可以进一步改进。首先，为了降低误差产生的概率，在原始逻辑预测上添加了一位预测比特，即 $spec\_c_i = A_jB_j + (A_j + B_j)(A_{j-1}B_{j-1}) + (A_j + B_j)(A_{j-1} + B_{j-1})(A_{j-2}B_{j-2})$，此时误差概率降低 $1/2^4$。然而如果不能有效降低原始误差权重 -2^{16}，那么其误差期望依旧较大，为 -2^{12}。因此添加了 3 个或门对第 4 个预测单元的输出误差进行补偿。当第 4 个预测单元检测到错误预测后，其误差标志信号被置为 1，此时这一信号分别与输出数据 S_{16}、S_{15} 和 S_{14} 进行逻辑或操作，将 S_{16}、S_{15} 和 S_{14} 强制置为逻辑 1。通过这一误差补偿，误差权重得到有效降低，由原始的 -2^{16} 降低为 -2^{13}，结合误差概率 $1/2^4$，此时第 4 个预测单元的误差期望为 $1/2^4 \times (-2^{13}) = -2^9$，这一负向误差期望与第 3 个预测单元产生的正向误差期望相互抵消，使得整个近似计算部分的误差期望得到了显著的降低。

3.3　面向智能感知的近似存储

在面向智能感知的数字集成电路的设计中，数据存储在系统能量开销方面占有不可忽视的比例。例如，在处理 MPEG 或 H.264 等格式的视频的过程中，片上静态随机存储器 (Static Random Access Memory，SRAM) 的存储操作会消耗大量的能量，该能量大约占整个运动向量的 75%。同时，片外动态随机存储器 (Dynamic Random Access Memory，DRAM) 的存储操作所消耗的能量则占到整个手机电路系统能量开销的 30%。鉴于目前大多数终端设备电池的供能有限，因此，有效降低片上 SRAM 和片外 DRAM 的存储功耗具有重要的研究意义。针对这一问题，现有工作采用近似存储方法在应用输出质量和能效方面进行了一系列的研究和设计。

片上 SRAM 的基本单元的结构如图 3.20 所示，单比特存储单元由 6 个 CMOS 晶体管构成 (简称 6T 结构)，其中中间的两个反相器构成正反馈，两边两个 NMOS 晶体管分别构成存储单元的写入和读出接口。当写入数据时，若 WL 信号为高电平，则此时 AR 和 AL 晶体管导通。输入数据通过位线信号 BL 和 BLB 线及 AR 和 AL 晶体管写入当前的电压信号，此时会出现两种情况。若写入的信号和当前保存的信号相反，则中间的正反馈反相器环会被强行翻转到期望的信号值,并在随后的正反馈中一直保持不变,这一过程中两个反相器都会进行充放电并消耗能量。若写入的数据与前一个状态保留的数据相同,则当前的写操作不会产生翻转功耗。在读取数据时,BL 和 BLB 信号线首先被预充到高电位,然后将预充电电路断开。随后 BL 和 BLB 信号线的负载电容通过 AL 和 AR 晶体管进行充放电并通过读取电路读取当前的数值。若 Q 值为低,则电容放电;反之,若 Q 值为高,则负载电容基本保持不变。可以清楚地看到,这一数据读取过程中,反相器并没有进行翻转,整个电路的能量消耗仅仅来源于负载电容的充放电过程。因此从片上 SRAM 的功耗分析中可以看到,数据的写入功耗是整个片上存储功耗的主要来源。因此,以往的工作在降低写入功耗层面做了大量的研究。对于片上存储单元电路,其电路的能量开销为

$$E = \alpha C V_{DD}^{2} \tag{3.1}$$

其中 E 为能量,α 为电路的翻转概率,C 为电路等效电容,V_{DD} 为供电电压。因此在理论上设计者可以从三个方面降低片上存储单元 SRAM 的能量开销。

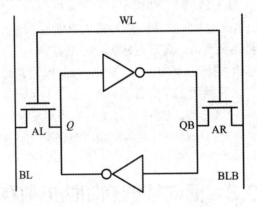

图 3.20   SRAM-6T 结构示意图

然而在实际设计中,电路等效电容主要与电路结构相关,从设计上进行改进有较大的困难。由于能量与供电电压呈平方关系,因此降低供电电压是行之有效的方法。但是这一方法面临两个问题。一个是在降低供电电压后,存储单元的运行速度同样也受到了影响,即运行频率会下降。如果运行频率并未随供电电压一起下降,那么在写入和读出数据时会发生致命的时序错误,该错误使得存储的数据受到较大的污染。因此降低电压的同时设计者一般会选择降低运行频率,这一问题对部分高性能电路设计者来说是一个较大的阻碍,尤其是对电路实时处理性能有较大的影响。另一个更为棘手的问题是,即便在那些对运行频率要求不高的场合(如处理 CIF/QCIF 图像时,设备可以在 10 MHz 左右较低的频率下运行),虽然降低供电电压可以同时满足低能量开销和运行速度的要求,但是存储器单元随着供电电压的下降在读写过程中面临工艺偏差等因素引发的逻辑输出错误。这一逻辑输出错误有别于时序错误,即不论器件的运行频率多么低,在低供电电压的运行条件下来源于工艺偏差的逻辑错误都不能被避免,且随着供电电压的降低和工艺的演进,输出错误的概率不断增大,如图 3.21 所示。

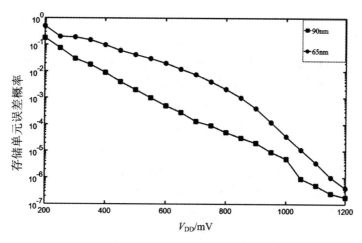

图 3.21　工艺和供电电压对 SRAM 逻辑误差的影响

3.3.1　近似片上存储设计

　　针对近似片上存储，研究者提出了低电压混合结构近似存储方案。针对图像处理或智能感知等应用，单个数据的高位比特不能发生任何形式的存储错误，因为高位比特的权重较高，一旦发生错误会使得整个数据发生较大偏移，那么经过后期的计算处理，即便算法具有一定的容错特性，也会导致最终的输出质量难以被用户接受。反之，单个数据的低位比特在低电压情况下如果发生存储错误，由于其权重较低，其对最终输出质量的影响有限。鉴于上述观察和分析，可以在低电压情况下逻辑输出错误较小的片上存储单元结构。如图3.22 所示，可以看到，其存储单元的核心还是两个构成正反馈的反相器，同时额外增加了NB 和 AB 两个晶体管，即其存储单元由 8 个晶体管组成 (简称 8T 结构)。在实际运行时，读出端由于增加了 NB 和 AB 两个 NMOS 管，读出预充电部分和整个存储单元有效隔离，从而降低了读出的逻辑输出错误。同时 NB 管在写操作时可以有效降低正反馈电路翻转所需要的驱动能力。因此采用这一结构，在低电压下，片上存储单元的错误翻转概率得到了一定程度的降低。

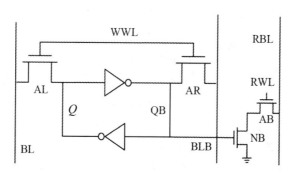

图 3.22　SRAM-8T 结构示意图

　　当采用 8T 和 6T 结构的片上存储单元结构时，可以将原始输入数据的存储过程划分为两个部分。对于重要的高位比特，数据的存储采用 8T 结构；对于低位比特，数据的存储采用

6T 结构。其中 8T 和 6T 的划分比例主要参考两个设计指标：一是输出质量需要满足设计者一开始设定的下限值；二是在输出质量得到满足的情况下应尽可能地降低存储能量开销。

CIF 格式的标准测试视频"AKIYO"可作为测试对象，该测试视频有 50 帧图像。将该视频的数据进行上述混合近似处理后输入 MPEG 解码器，最终与精确存储的输出结果比较峰值信噪比 (Peak-Signal-to-Noise Ratio，PSNR)。单个像素数据有 8 bit，"0-bit 8T"代表所有的数据比特由 6T 结构的存储单元进行存储，且分别采用了 600 mV、700 mV 和 800 mV 三种不同的供电电压。其他设置以此类推，即"6-bit 8T"代表 8 bit 的原始数据中前 6 bit 采用 8T 结构的存储单元进行存储，后 2 bit 采用 6T 结构的存储单元进行存储。从表 3.4 可以看到，在 800 mV 的供电电压下，即便全部采用 6T 结构的存储单元进行存储，其最终的输出质量也下降不多，这是因为此时 6T 结构的存储逻辑输出概率较小。但是，随着供电电压不断下降，全部采用 6T 结构的存储单元进行存储时的输出质量由 23.48 dB 降低到 14.75 dB，下降后的输出质量难以在实际应用中被用户接受。与此同时可以看到，在 600 mV 的供电电压下，随着 8T 结构的比例不断增多，其输出质量不断提升。如果设计者允许小于 1 dB 的 PSNR 损失，那么"4-bit 8T"的存储设置符合这一需求，且此时由于电压的降低，功耗得到了较大幅度的降低。

表 3.4　混合片上存储供电电压、存储结构和输出 PSNR 关系

存储结构	PSNR/dB		
	600 mV	700 mV	800 mV
0-bit 8T	14.75	21.41	23.48
1-bit 8T	19.26	22.92	23.58
2-bit 8T	21.86	23.4	23.6
3-bit 8T	22.96	23.54	23.61
4-bit 8T	23.96	23.57	23.61
5-bit 8T	23.42	23.59	23.61
6-bit 8T	23.49	23.60	23.61
7-bit 8T	23.55	23.60	23.61
8-bit 8T	23.61	23.61	23.61

这一设计思路在实际应用的时候面临如下问题。

(1) 虽然 8T 结构的存储单元在低电压下有较好的输出特性，但是由于 8T 结构的存储单元增加了两个晶体管，其面积相比于传统的 6T 晶体管有较大的提升 (若假设每个晶体管面积相当，则最终面积增加了 33.3%)。这部分增加的面积在实际电路进行存储操作时会产生额外的开销，该开销可抵销前期的收益。

(2) 由于在晶体管一级更改了存储单元结构，设计者需要重新设计版图使得这一混合结构能够实际应用在集成电路设计中。从设计复杂的角度上讲，这一过程复杂且费时，在实际应用时需要设计者将其考虑到整个开发应用中。

(3) 由于降低了供电电压，在采用了混合结构的近似存储电路结构后，虽然保证了输

出质量在可控范围内，且降低了存储运行的能量开销，但是整个存储单元的运行频率同样需要下降，否则产生的时序误差会严重污染原始数据。因此将其应用于 CIF/QCIF 格式的图像处理中时，设置运行频率为 10 MHz。虽然在 CIF/QCIF 格式的图像应用中可以允许较低频率的处理过程，但是对其他应用，如高分辨率的图像处理，低频运行速度会导致应用无法具备实时处理能力。

(4) 由于需要在版图一级进行修改和设计，这一混合存储策略的灵活性较差，难以在不同应用和不同输出质量要求的情况下及时且方便地调整不同存储结构所占的比例。

通过上述分析可以看到，混合结构近似存储方案利用降低电压的方式取得了较好的能量节省，与此同时也面临较多的实际应用问题。考虑到式 (3-1) 中能量开销和电路翻转概率呈正比关系，可以通过降低电路翻转概率来进行能量优化设计。这一思路有两种实现手段。第一种是图像视频算法设计人员不断优化算法过程，使得片上存储数据量大幅度下降。较为典型的例子是在视频运动向量估计中，如果对图片参考帧进行全搜索，那么需要将大量数据提前存储到片上 SRAM，这一过程会消耗大量的能量。因此算法设计人员在后期通过设计相应的算法，只对参考帧的部分区域进行运动向量搜索，极大地降低了片上存储存取量，从而降低了整个系统消耗的能量。第二种是在已有算法的基础上，进一步对原始数据进行预处理，使得处理后的数据在片上 SRAM 进行存储操作时，特别是进行写入操作的时候具有较小的翻转概率。较小的翻转概率同样可以使整个片上存储过程的能耗有较大的降低。并且，采用这一方法所产生的额外开销非常有限，因为不需要更改原始版图且没有引入任何新的存储面积。

3.3.2　近似片外存储设计

片外 DRAM 动态存储所消耗的能量在电路系统的能量开销中同样占有较大比例。与片上 SRAM 相比，片外 DRAM 的存储过程更为复杂且消耗的能量更多，这主要和 DRAM 的基本存储单元结构有关。图 3.23 为 DRAM 结构示意图，该存储单元由电容、MOS 管和灵敏放大器构成。当行地址线和列地址线被置为高电位时，两个 MOS 管导通，输入的数据通过灵敏放大器对电容进行充放电。当写入的数据为低电位时，电容放电。然而当写入的数据为高电位时，电容首先被充电；但是由于电容本身存在漏电问题，因此在一段时间后为了保证

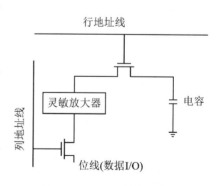

图 3.23　DRAM 结构示意图

原始的电荷不会全部泄漏，需要刷新电路，对该电容进行再次充电。因此，DRAM 的能量开销正比于整个存储器件的刷新频率和存储高位比特数目。

鉴于此，研究者提出了多级刷新频率进行近似存储的方案，如图 3.24 所示。该方案同样遵循原始输入数据的高位比特不能被污染的原则，即高位比特的刷新频率保持不变，以保证高位比特存取的正确性。而对于低位比特，在不同级别上降低刷新频率。由于降低了刷新频率，低位比特数据会发生一定概率的逻辑错误，然而应当注意的是，降低刷新频

率只会使存储为高电位的比特因没有及时得到电荷补充而发生读取错误，对于已经存储的低电位比特的正确性没有影响。依据这一思路，可以根据不同应用和输出质量要求对 DRAM 的刷新频率进行调度，从而在损失部分输出质量的同时减小能量的开销。这一方法所面临的问题主要在于需要对原始的 DRAM 刷新控制系统进行修改，这一修改过程所带来的额外开销不可被忽视。

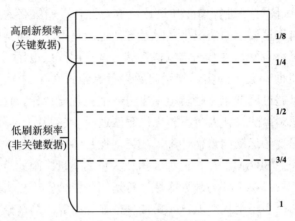

图 3.24　DRAM 多级刷新频率示意图

研究者同样采用了近似存储的方法减少 DRAM 的能量开销，其主要采用动态数据截断方式来降低片外 DRAM 的数据存储量，如图 3.25 所示，针对特定应用和输出质量要求，通过存储控制器对原始数据进行截断式读取。在运行阶段每隔一段时间进行输出质量检测，以便形成反馈，并对存储控制器截断位数进行调整。然而，由于简单性数据截断对原始数据信息有较大的丢失，因此其最终输出质量有较大的下降。同时，由于采用了动态调整方式，其存储控制器等额外开销使最终的收益有较大的损失。

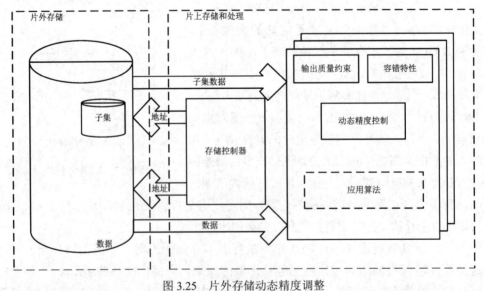

图 3.25　片外存储动态精度调整

区别于传统 CMOS 工艺下的 SRAM 和 DRAM 存储结构，各种新型材料组成的存储器件受到了广泛的关注。非易失铁电存储器具有断电信息不丢失的特点，这对于传统存储器来说是一个较大的优势，尤其在供能系统不稳定的情况下，如果电源间歇性断电，可以利用非易失存储器的特点对中间数据进行保留。非易失铁电存储器面临的较大问题是有效可读写次数较少，如果系统频繁对该存储器进行读写，会使得器件在短时间内失效，因此研究者可以利用有损数据压缩等方法减少数据读写次数，从而延长器件的使用寿命。其他方面，忆阻器 (Memristor) 在存储领域同样受到了较大的关注。采用阻变式存储器 (Resistive Random Access Memory，RRAM) 可以进行高性能的大规模计算，设计者利用 RRAM 所构成的交叉开关矩阵进行卷积神经网络近似计算，在能效方面得到了很大的提升。但是由于信号数模接口量大，会造成较多的额外开销。并且，其工艺还不成熟，工艺偏差较大，阈值电压大范围的漂移使 RRAM 在使用中受到限制，RRAM 更多地应用在神经计算网络中。

与 RRAM 相似的还有相变存储器 (Phase Change Memory，PCM)，这一存储器较为明显的特点是具有多个不同的中间状态，因此其存储容量较大。然而较为致命的是，在向 PCM 更新数据的时候需要对这一存储器件多次进行写入操作，否则写入的数据会产生一定的逻辑错误。然而多次写入通常会产生较大的额外开销，设计者同样利用了近似计算的原理，对于原始图像数据高位比特在 PCM 中的存储过程，采用多次写入的措施以保证其数据的正确性，而对于低位比特数据则逐次减少写入次数。原始数据所带来的污染在后期的图像处理算法中被逐步消融，能量减少的同时损失了部分的输出质量。和 RRAM 类似，PCM 最大的挑战同样来自长期工作中的阈值电压漂移问题，在大规模应用中还需要解决较多问题。

不论是片上 SRAM，还是片外 DRAM，或者是新型材料组成的存储器件，在采用近似计算这一思路进行输出质量和能量开销优化设计的时候，设计者都考虑到了数据本身不同权重的重要性问题，即对于高位比特数据一般采用了较为保守的策略来进行存储设计，对低位比特则采用近似存储的设计方式。另外，上述设计方法在近似存储时主要从器件本身的存储机制和方法上入手，通过改变器件的部分存储参数（如供电电压和刷新频率）来建立输出质量和消耗能量的折中关系。因此，在实际使用时，这些设计方法不可避免地需要对原始存储控制过程进行修改，其设计复杂度和引入的额外开销在实际应用中各不相同，且不能被忽视。更为重要的是，由于片上和片外的存储结构不同，即便采用近似存储设计也需要对各自的存储方式进行修改，不能通过一种方式同时对 SRAM 和 DRAM 进行联合优化，即通过一种方法同时降低片上和片外的能耗。

3.3.3　近似片上和片外存储的联合优化

对片外 DRAM 和片上 SRAM 进行低功耗设计时，可以在不同参数层面进行设计。可以看到，如果存储的原始图像数据翻转概率不高且存储比特中大部分为逻辑值 0，那么对降低片外 DRAM 功耗较为有利。因为存储的像素数据大部分为低电位时，刷新功耗会大幅度降低。更为重要的是，当具有这一特性的部分图像数据从片外 DRAM 缓存到片上 SRAM 进行后续计算时，整个 SRAM 写操作的翻转概率也同样会降低，如此片上 SRAM 功耗中占绝大部分比例的写操作功耗也会随着翻转概率的降低而下降。利用近似计算的设计思路，考虑到原始像素数据高位比特不能被污染的情况，可以将采集到的原始像素数据低位比特设置为零。如此单个像素中逻辑值为 1 的比特数目会大幅度减小，DRAM 的刷新功耗会随之降低。同时，在片上 SRAM 进行缓存写操作时，由于像素数据的低位比特翻转概率降低，因此 SRAM 的写操作功耗也可以有效降低。然而，简单的数据截断会给原始图像数据引入较大的误差，因此在截断过程中需要对近似数据进行误差补偿。

可以采用的方法是：对原始图像数据中的单个像素数据，以 8 bit 为例，从最高位比特到最低位比特，依次命名为 bit_8、bit_7、bit_6…bit_1。将此 8 bit 像素数据分割成两部分，高位部分从 bit_8 到 bit_$(k+1)$，低位部分从 bit_k 到 bit_1，其中 $k \in [0, 8]$。当 $k = 8$ 时，表示高位部分不含任何像素比特。同理当 $k = 0$ 时，表示低位部分不含任何像素比特。在原始图像采集过后，对每个像素值进行近似预处理。对于高位比特，保留其原始数据。对于低位比特，保留 bit_k 到 bit_1 中第一个出现的逻辑'1'值，并对其后的所有逻辑值置零，如表 3.5 所示，其中 $k = 4$。通过对高位比特逻辑值的保留以及低位比特误差的补偿，可以在有效降低单个像素中逻辑'1'值所占比例的同时，有效补偿近似存储所带来的误差，使得最终图像经过算法处理后的输出质量保持在较高的水准。

表 3.5　像素数据预处理近似过程

时间	原始数据	预处理后的数据	误差
Reset	0000_0000	0000_0000	0
Time-1	0100_0001	0100_0001	0
Time-2	0110_0010	0110_0010	0
Time-3	0111_0011	0111_0010	1
Time-4	1110_0100	1110_0100	0
Time-5	1000_0101	1000_0100	1
Time-6	1010_0110	1010_0100	2
Time-7	1011_0111	0110_0100	3
Time-8	0110_1000	0110_1000	0
Time-9	1110_1001	1110_1000	1
Time-10	1111_1010	1111_1000	2
Time-11	1101_1011	1101_1000	3
Time-12	1001_1100	1001_1000	4
Time-13	1000_1101	1000_1000	5
Time-14	1100_1110	1100_1000	6
Time-15	1101_1111	1101_1000	7

从表 3.5 中可以看到，上述预处理方法对低位截断比特进行了补偿。应当注意的是，当 $k = 4$ 时，采用所提方法与单纯的三位比特直接截断置为逻辑零的情况是完全不一样的。从表中可以看到，对于 Time-1 到 Time-7 的所有情况，其低三位的比特保留了高位逻辑'1'值。如果采用三位比特直接截断，则 Time-1 到 Time-7 的后三位将全部置为 0。因此，采用上述补偿措施，可以针对输入数据在不同程度上进行误差补偿。当 k 大于 4 时，即有更多的低位比特进行近似预处理时，这一补偿措施所取得的优势将更为明显。

在实际应用中，由于原始图像会在后期被不同的实际算法 (如 JPEG 等压缩图像压缩算法) 所处理，且用户对图像的输出质量有不同级别的要求，因此在使用上述近似存储方法时可以通过对输出质量的评估来确定 k 的最优值。当 k 值增大时，单个像素平均含有高电位比特的数目会逐渐减少，并且这些数据被缓存到片上 SRAM 后，其写操作的翻转概率也会逐渐减少。与此同时，引入的误差也会逐渐增大，因此原始图像数据被应用算法处理后的输出质量也会逐步降低。在实际应用中，对指定的输出质量，设计者可以指定下限阈值 Q_0。通过调节 k 值的大小，使得整个近似存储方案在满足输出质量 Q_0 的同时 k 值最大，即取得最大的片上 SRAM 和片外 DRAM 的功耗节省，即

$$\text{Minimize Power\_sram\_dram}(k) \text{ subject to Quality} \geqslant Q_0 \tag{3.2}$$

由于随着 k 的增大，输出质量不断减小，因此上述过程可以采用逐步扫描的方法得到最优结果，如图 3.26 所示。在线下可以将上述数据补偿截断预处理方法通过高层次语言 C/C++ 实现。当图像采集装置采集到原始数据后，k 值从 1 开始取值，然后将原始数据送入近似存储处理流程。随着 k 值的不断增大，测试过程会依次判断输出质量是否满足不同设计者的要求。常用的输出质量评估参数有峰值信噪比 (PSNR)，当然针对不同处理算法也可以采用其他参数对输出质量进行衡量。当线上扫描某 k 值下的输出质量小于设定的阈值时，整个过程结束，最终的结果采用 $(k-1)$ 作为当前满足输出质量时的最优值。

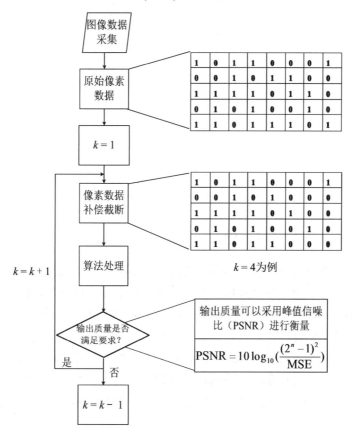

图 3.26 近似比特数目和输出质量优化示意图

3.4　面向智能感知的近似计算系统设计方法

近似计算在数字集成电路设计中可以通过损失部分输出质量获取能效的大幅度提升，这一思路已经得到了相应的验证，尤其在近似计算基本运算电路中得到了较为广泛的研究和应用。通过已有的近似计算基本运算单元，设计者可以对更为复杂的电路进行近似计算设计，如图 3.27 所示。其主要方法是将原始电路网络中的精确计算单元替换成近似计算单元。这一替换过程结束后需要对近似计算电路网络进行输出误差和能量开销等方面的评估。其中能量开销的评估过程在现代数字集成电路中已经较为成熟，即便采用分立运算单元库模型进行高层次的能量估计，其精度也能保持较高的水平。因此在近似计算设计中，输出质量的快速精确评估在整个设计流程中成了关键一环。由于基本近似计算单元有较多种不同设计方案且电路结构节点较多，因此可以构造的近似计算电路数目呈指数式增长。在面对大量近似计算电路时，设计者首先要快速且准确地获取每个近似计算电路的输出质量或输出误差，然后挑选出输出质量损失比例在可容忍设计范围的备选结构，最后才会将这些备选电路结构送入传统能量分析流程中进行评估，并最终得到最优设计。

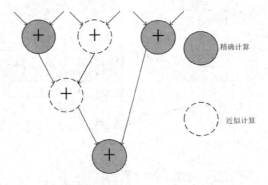

图 3.27　近似计算电路生成示意图

3.4.1　近似计算系统的误差分析方法

对近似计算电路的输出质量进行量化描述的参数较多，典型的参数有输出误差概率、输出误差均方值等。在误差分析评估方面，传统的基于行为级建模进行输出质量分析的方法首先在线下对每种近似计算单元进行行为级建模，建模的平台可选用 C/C++ 或其他高级语言平台。在建模的过程中，设计者会完整地对近似计算单元的功能进行描述，并将该功能包装成函数。行为级建模形成的近似计算功能函数完全等价于该近似计算单元在实际电路中的功能函数，即对任意一组输入，该函数都会输出与实际电路相同的近似结果。以此类推，设计者将所有的近似计算单元在线下进行行为级建模，将得到的功能包装成函数，最后形成近似计算单元函数库。

在具体分析某个近似计算电路网络时，设计者首先将该电路结构中的各个节点的输入输出关系进行映射，然后在电路结构最初输入端输入大量随机数据并一层一层计算下去，最终得到输出结果。在计算的过程中，如果遇到近似计算单元，就可以直接调用建立好的近似计算单元函数库。如此，整个近似计算电路的计算过程可以完整且精确地在高级语言平台上实现，而不需要进行实体电路设计，因此极大地简化了输出质量分析的复杂度，且其输出的误差评估值是精确的结果。然而由于要精确描述每个近似计算单元的行为特征，其所构造的功能函数较为复杂。例如，描述串行结构的近似加法器时，往往需要大量的循环体。因此在线上进行大规模实际运算时，函数调用返回值会占用较长的时间，速度较慢。如前文所述，由于近似计算电路网络有大量的备选项，因此加速输出误差评估过程对电路设计者来说有较大的实际意义。

研究者提出了采用概率密度函数和区间运算的思路来加速输出质量评估过程的方法，其基本思路是在线下对各个近似计算单元的输出误差进行统计，即在不同数值区间内对大量数据测试得到的近似计算单元的输出误差进行统计，得到其概率密度函数，如图 3.28 所示。

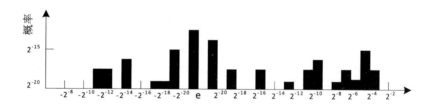

图 3.28　近似计算单元输出误差统计

首先将输出误差分成若干区间，然后在线下对单个近似计算单元进行随机输入仿真，将得到的误差序列值分别分配到各个划分好的区间内，并统计出相应的概率。图 3.28 中横轴代表输出误差，纵轴代表出现的概率。应当注意的是，其坐标轴采用了 2 的幂次方进行标记，其中心点 e 表示 0，即输出误差为 0。e 点右边的数表示正数，左边的数表示负数。当 2^{-8} 到 2^{-7} 之间的条形高度为 2^{-18} 时，表示统计的输出误差落在 2^{-8} 到 2^{-7} 之间的概率是 2^{-18}。通过上述步骤将每个近似计算单元进行误差概率统计。当这些近似计算单元形成更为复杂的电路结构时，根据电路连接结构可采用区间运算 (Interval Arithmetic) 来模拟误差传播过程，即：

$$[x_{l1}, x_{r1}] + [x_{l2}, x_{r2}] = [x_{l1} + x_{l2}, x_{r1} + x_{r2}] \tag{3.3}$$

通过区间运算层层递进，可以获得该近似计算电路网络最终输出结果的误差概率模型，最后通过简单的运算就可以得到诸如误差均方值这一类的量化参数。由于区间运算的过程比行为级函数的调用过程要简单得多，因此在输出质量评估速度方面，这一工作有二十多倍的加速。然而遗憾的是，其分析评估的精度却大大偏离行为级建模分析的结果，即分析精度较低，尤其是估计误差均方值这一参数时有较大的偏差，这使得该评估方法虽然具有较快的速度，但是较大的分析误差使其不能实用。其输出误差分析精度较低的原因有两点：一是误差区间的划分较为粗糙；二是区间运算的过程不能精确模拟误差传播过程。在层层递进的运算分析中，每一级的分析误差都会传播到下一层，并最终导致输出误差的统计结果产生较大的偏移。

为了解决输出误差分析精度不高的问题，研究者进行了大幅度地改进。首先在线下对单个近似计算单元进行统计建模，但是区别于对近似计算单元进行区间概率统计的建模方式，可以为每个近似计算单元建立查找表。在线下进行测试时，输入的测试数据具备不同的均值和方差，在输出端统计当前输入数据情况下输出误差序列的概率、方差和均方值等参数，同时统计输出实际数据的均值和方差。由于输入测试数据可以配置多种不同的分布参数，因此线下仿真需要经历较长的时间，从而得到规模较大的查找表。在各个近似计算单元的查找表建立完毕后，对近似计算电路网络进行输出质量评估时进行三个步骤的计算，如图 3.29 所示。首先对电路网络各个节点进行扫描，在扫描过程中，依据线下已经建立好的查找表查找各个节点实际输出数据的均值和方差。然后进行第二轮扫描，采用第一步获得的各个节点输出数据的均值和方差，通过建立好的查找表查找各个节点的输出误差参数，如输出误差均值、方差和均方值。最后从输入段开始，逐层对每个节点的输出误差参数进行拟合，通过采用线性回归的方式进行部分训练，将训练好的模型对节点误差进行拟合，从而提高最终输出结果的分析精度。从实验结果来看，该方法在输出精度上有 3.75 倍的提高，线上分析的加速比方面略有下降。但是该方法在线下形成查找表的时候由于参数较多导致其建立过程较为缓慢。同时，即便输出误差参数的评估精度得到了一定程度的提高，但是其在输出误差均方值的评估方面依旧有四个数量级的误差，即在误差传播的计算和模拟过程中，其误差统计参数进行拟合的方式不能如实反映误差传播过程。通过上述分析可知，在输出质量分析评估的加速过程中，误差传播的建模过程是较为重要的一环，其直接关系到最终分析精度的高低。

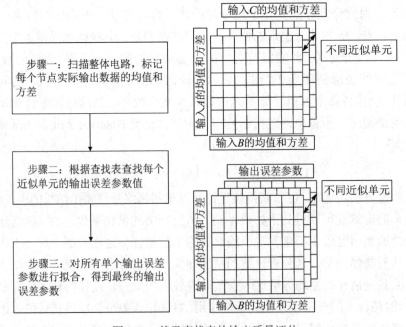

图 3.29　基于查找表的输出质量评估

3.4.2　近似加法器的误差模型和分析

近似加法器是整个近似计算电路系统设计的关键模块。当上述基本近似计算单元用于构建更为复杂的计算电路结构时，由于每个节点都可以替换成近似计算单元，因此当可替换的近似计算单元的种类较多时，可生成的近似计算电路的个数呈现指数式增长。快速且准确地分析和评估复杂近似计算电路的输出误差对设计者和应用者来说都具有重要意义。当对上述近似计算电路输入大量的测试数据后，通过将输出序列和精确计算的结果比较，可以获取误差序列。在对误差序列进行分析和评估时，误差参数选择是重要的环节。除了误差概率 (P_{err}) 外，误差序列的均方值 (Mean Squared Error，MSE) 在图像视频等可近似计算的应用中具有重要意义。

传统的近似加法器的误差分析方法如图 3.30 所示，设计者首先对基本近似加法器进行行为级功能层面的建模。通过 C/C++ 等平台将各个近似加法器的电路逻辑结构和运行过程构建成基本函数。当上述近似加法器被用来搭建更为复杂的近似计算电路结构时，首先将该电路结构中的各个节点的连接关系映射到 C/C++ 平台中，然后输入大量的测试数据进行测试。在测试过

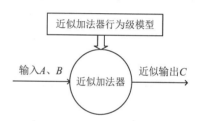

图 3.30　近似加法器行为级分析模型

程中，每遇到一个近似计算节点就调用已经建立好的行为级函数，并将此行为级函数的返回结果输入下一个节点继续进行计算。以此类推，通过对近似加法器函数模型的层层调用和中间计算结果的传播，最终可以得到输出节点的近似计算结果序列。在运行上述近似计算电路结构的同时，对同样的测试数据进行精确计算，即将近似计算电路结构中的节点全部设置为精确计算单元，得到与近似计算相对应的精确计算结果，二者作差可以得到输出误差序列。对该输出误差序列进行统计分析，就可以得到误差概率和均方值等重要的参数指标。根据上述分析可知，通过行为级模型分析输出误差的方法可以得到标准的误差评估结果，即通过这一方式获取的误差参数值 (如误差概率或均方值) 是其他快速误差分析方法的参考值。同时可以看到，由于近似加法器的行为级模型在高级语言平台上搭建，因此所有的误差分析过程都可以在这一平台上实现，而不需要对近似加法器进行实体的电路验证，大大降低了误差验证的复杂性。然而在实际应用中，基于行为级建模的分析方法虽然可以得到精确的误差评估结果，由于需要对原始的所有不同种类近似加法器的实际逻辑操作和运行方式进行模拟，因此所构成的行为级模型函数较为复杂，需要大量的分支和循环体才能准确模拟加法器的所有计算特性。在进行大量数据测试时，近似计算节点调用其行为级模型函数会极为耗时，导致整个误差分析过程的效率不高。研究者试图通过其他方式对这一过程进行加速，主要的代价是其所提出的加速分析方法最终给出的误差评估结果与上述行为级参数分析结果有一定偏差。为了量化这一参数评估精度，设行为级模型分析结果给出的误差参数为 EM_{func}，其他评估方法给出的误差参数为 EM_{est}，那么参数评估偏差 $Estimation_{inaccuracy}$ 的计算公式为

$$\text{Estimation}_{\text{inaccuracy}} = \frac{\left| \text{EM}_{\text{est}} - \text{EM}_{\text{func}} \right|}{\text{EM}_{\text{func}}} \tag{3.4}$$

式 (3.4) 中的误差参数可以是误差概率，也可以是误差均方值。可以看到，通过采用区间运算或查找表拟合的方式可以对整个误差分析过程进行 15～20 倍的加速，但是其分析评估方法给出的误差均方值与近似计算电路输出误差序列的真实均方值有四个数量级的偏差而无法使用。其原因主要是整个近似计算电路的误差传播过程不能采用单个节点的误差统计进行参数拟合，而需要在真实数据测量中将各个节点生成的实际数值进行传播和计算。因此最终保留了各个节点之间的数据传播过程。针对行为级模型函数调用耗时严重的问题，提出了误差概率空间采样的方式来加速整个分析过程，使得最终的评估速度和精度都得到了大幅度的提升。通过这一误差分析方法，提出了一套完整的近似计算电路设计方法，并将其应用于实际算法中。

在对近似计算电路输出误差进行分析时，之所以行为级模型的评估方式耗时，是因为其复杂函数模型需要大量数据进行线上测试。为了加速线上测试过程，可以在线下对原始行为级函数的输出结果进行统计和建模。不同于模拟电路计算，单个数字近似计算电路的输出误差的个数是有限的。因此，可以在线下对单个近似计算电路的行为级模型进行大量数据测试，以 32 bit-ETAII 近似加法器为例，对该加法器的行为级模型输入大量的 $[-(2^{31}-1),\ (2^{31}-1)]$ 范围内的均匀分布数据，从而统计出该近似计算单元的输出误差及各个输出误差所对应的误差概率，最后建立起该近似计算单元的误差概率空间，如表 3.6 所示。以此类推，在线下对其他近似计算单元同样建立各自的误差概率空间。当上述近似计算单元组合成复杂电路结构时，各个节点的计算过程如图 3.31 所示。

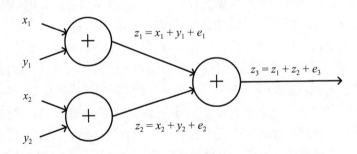

图 3.31　近似计算电路行为级分析模型

表 3.6　32 bit-ETAII 近似加法器的误差概率空间

误差	0	-256	-4096	-65536	-1048576	-16777216	-268435456
概率	0.8327	0.0259	0.0297	0.0274	0.0286	0.0299	0.0258

不同于行为级分析方法需要重复调用复杂的行为级函数，在对复杂电路结构进行大量数据线上测试时，将该节点的近似计算单元替换成精确计算单元，但是其输出结果会叠加一个符合该近似计算单元误差分布的随机误差 $\{e_1,\ e_2,\ e_3\}$，如图 3.31 所示。近似加法器的输出误差及其对应的概率值在均匀分布输入时各不相同，根据线下已经获取的误差概率

空间，当线上进行大规模数据测试时，可以从误差空间中进行均匀采样。按照误差概率的不同，概率越大的误差在线上测试时被采样和叠加的次数越多。由于在 C/C++ 中概率发生器的复杂度远远小于近似计算行为级模型函数，因此在线上分析时所消耗的时间大大缩小，整个近似计算电路对误差分析和评估的过程得到了大幅度的加速。

在大规模的线上测试时，各个节点的连接关系在提出的分析方法中被精确映射并构建，即在实际的线上测试时，所有节点的计算结果都会按照原始结构进行真实传播，最终的输出节点得到一系列近似计算输出结果。该近似计算结果和真实计算结果相比较可以得到输出误差序列。对该输出误差序列进行统计分析可以获取误差概率和误差均方值等重要参数。此处应当注意的是，如果近似计算单元产生的随机误差与输入数据的大小无关，那么当测试数据为均匀分布时，上述分析和测试过程无须计算各个节点的真实数值，线上测试只需要包含随机误差的逐层传播和组合即可。

3.4.3　基于误差模型的电路优化设计

采用基于概率空间采样的误差分析方法，可以形成一套完整的设计方法对近似计算电路能耗和输出质量进行优化设计。设一个近似计算电路结构有 n 个计算节点 $(x_1, x_2, \cdots, x_n)$，可用来进行单元替换的近似计算单元库为 X，该单元库有 m 个近似计算单元，那么对近似计算电路能耗和输出质量的优化问题可以表示为

$$\text{Minimize } E(x_1, x_2, \cdots, x_n)$$
$$\text{subject to: } Q(x_1, x_2, \cdots, x_n) \geqslant Q_0 \tag{3.5}$$

其中，E 为电路消耗的能量，Q 电路的输出质量，Q_0 为设计者指定的输出质量阈值。在输出质量的评估方面，通常采用输出误差参数 (如误差概率或误差均方值) 进行分析和评估，此时式 (3.5) 可变换为

$$\text{Minimize } E(x_1, x_2, \cdots, x_n)$$
$$\text{subject to: } \text{EM}(x_1, x_2, \cdots, x_n) \leqslant \text{EM}_0 \tag{3.6}$$

其中，EM 代表某一误差参数，EM_0 为引入误差的上限阈值。式 (3.5) 所表示的过程是传统经典的优化搜索问题。从搜索空间上看，由于近似计算电路有 n 个节点，近似计算单元库有 m 个单元，因此可以生成的近似计算电路结构有 m^n 个，即搜索空间呈指数式增长。当 m 和 n 值较小时，设计者可以采用全扫描的方式对所有选项进行分析评估。当 m 和 n 较大时，设计者可以采用模拟退火算法或遗传算法搜寻次优值加快分析过程。应当注意的是，不论是采用全扫描方式，还是采用快速搜索方式，设计者都需要快速且准确地获取近似计算电路结构的输出误差参数。因此可以采用基于概率空间采样获取输出误差参数的方法，该方法可以大大加速整个优化搜索过程。

当输出质量采用实际应用所特有的参数时，上述电路能耗和输出质量的优化过程要进行修改和调整。以支持向量机 (Support Vector Machine，SVM) 算法进行图像分类为例，其输出质量采用图像分类精度来表示。例如，图像分类精度为 0.9，表示输入集合中有 90% 的图像可以被正确分类。在 SVM 算法的运算过程中，其核函数的累加过程占据了整个算

法所消耗能量的绝大部分，因此可以采用近似加法器对整个 SVM 进行能耗和输出质量的折中设计。此时传统的误差参数 (如误差概率或误差均方值) 无法与 SVM 算法最终的输出质量建立显性关系，因此在实际仿真和测试时需要采用实际应用的真实输入数据作为测试集合。如图 3.32 所示，当采用近似计算电路对特定应用或算法进行能耗或性能的优化时，设计者首先将整个计算过程进行拆分，将耗能较大或性能受限且可以进行近似计算的部分映射到实体电路中。如前文所述，由于近似计算单元的种类繁多且实际的电路结构有大量的计算节点，因此可以生成大量不同的近似计算电路结构。这些电路结构的功耗、延时和面积等参数可以采用传统的数字电路综合等方法进行测试和评估，而其输出误差特性则可以采用基于概率空间采样的快速分析方法和行为级模型分析方法来共同完成，即设计者只需要对近似计算电路进行建模，在 C/C++ 平台上调用建立好的模型进行模拟仿真，从而可以得到整个算法在采用近似计算单元后的输出质量，避免了设计阶段就要进行实体电路测试的烦琐过程。

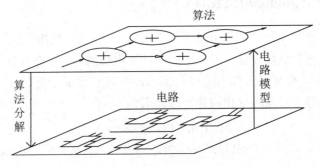

图 3.32　近似计算电路与算法的映射

　　如图 3.33 所示，对于一个具有容错特性的算法或应用，首先对该算法或应用进行模块划分，并确定可以近似计算的部分。应当注意的是，采用近似计算的目的是在损失部分输出质量的同时获得能效的提升，因此选定的可近似计算模块应具有数据计算量大、能耗高的特点。可近似计算模块确定后需要将其进一步分解到加法操作级别，并采用近似加法器进行替换。传统的设计方法是将近似加法器行为级模型嵌入算法中进行测试，从而得到每个近似单元下的输出质量，并建立查找表。然后对查找表内的近似计算单元进行筛选，选出输出质量损失满足设计要求的单元。对筛选出的单元进行电路级别的综合仿真，得到功耗和延时等测量结果。根据不同的设计需求，可以选择运行速度最快的电路结构，也可以选择功耗最低或者能量消耗最低的电路结构。然而由于替换后的近似计算电路结构的数量庞大，采用行为级模型分析极为耗时，因此可以使用基于概率空间采样的误差分析方法快速筛选并排除不符合输出质量要求的近似计算单元，大幅度缩小后期的搜索范围。由于采用了基于概率空间采样的分析方式，这一步的筛选过程所耗费的时间要远远小于行为级模型的分析评估方式。在第一步快速筛选后，由于搜索范围大幅度减小，因此可以对筛选后的符合输出质量要求的近似计算单元逐一进行评测。其中功耗、延时等电路级别的参数可以采用经典数字电路测试流程，对于该近似计算电路对输出质量的真实影响可以采用行为级模型进行测试。最后，将功耗、延时和输出质量进行总结并构建查找表，从而选择在一定输出质量损失的前提下，电路性能最好或者能耗最低的近似计算电路结构。

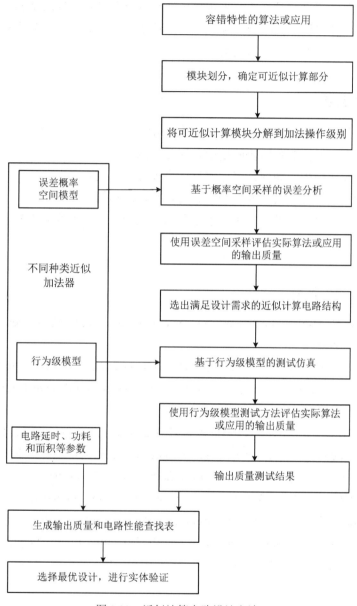

图 3.33　近似计算电路设计方法

▶▶ 🛜 课程思政 ·····

1. 近似计算和近似存储技术涉及大规模数据的处理和分析。结合本章知识，谈谈在中国特色社会主义的发展中，如何确保数据的公平获取和合理利用，实现数据资源的普惠化，推动技术进步与社会公平正义的统一。

2. 近似计算和近似存储技术本质上是为了降低电路的功耗，结合我国可持续发展和绿色发展战略目标，谈谈如何实现绿色计算，实现经济增长与环境保护的有机结合。

3. 云计算平台的建设和发展需要大规模的数据存储和处理，区块链技术的发展也同样需要大量的存储和计算资源。结合实际谈谈在具体实践中，如何提高社会协同，有效推动近似计算和近似存储在不同领域的应用。

▶▶ 🎯 拓展思考

1. 请查阅相关资料，阐述 Razor 电路设计技术的原理。

2. 如何确定在近似计算中所需的精度和误差范围？

3. 在智能感知应用中，如何使用近似算法来提高计算效率？

4. 如何衡量近似算法的效率和准确性？有哪些标准和指标？

5. 近似算法和深度学习的联系和区别是什么？如何将它们结合起来解决面向智能感知的实际问题？

▶▶ 🎯 本章参考文献

[1]   MOORE G E. Cramming more components onto integrated circuits[J]. Proceedings of the IEEE, 1998, 86(1): 82-85.

[2]   DENNARD R H, GAENSSLEN F H, RIDEOUT V L, et al. Design of ion-implanted MOSFET's with very small physical dimensions[J]. IEEE Journal of Solid-State Circuits, 1974, 9(5): 256-268.

[3]   LEE G G, CHEN Y K, MATTAVELLI M, et al. Algorithm/architecture co-exploration of visual computing on emergent platforms: overview and future prospects[J]. IEEE Transactions on Circuits and Systems for Video Technology, 2009, 19(11):1576-1587.

[4]   PATEL S, PARK H, BONATO P, et al. A review of wearable sensors and systems with application in rehabilitation[J]. Journal of Neuroengineering & Rehabilitation, 2012, 9(12):21.

[5]   CHALAMALA B R. Portable Electronics and the Widening Energy Gap[J]. Proceedings of the IEEE, 2007, 95(11):2106-2107.

第 4 章　基于近传感技术的智能感知电路系统

随着人工智能技术的飞速发展，越来越多的智能设备和系统进入人们的视野，人们对于终端智能的需求越来越高，其中就包括常开型智能视觉感知系统。在这类系统中，图像传感器不仅仅是响应用户命令而进行拍照的器件，更是一种视觉感知接口，提供无须接触的人机交互方式以及不间断的智能监控，可广泛应用于智能家居、传感器节点、虚拟现实、可穿戴设备等应用场景。由于监控目标及用户命令出现的不确定性，智能视觉感知系统必须持续不间断地进行感知和处理，以免错过突发的重要信息。然而，由于嵌入式终端是电池供电的系统，能量供应有限，这种持续的感知及处理会给嵌入式终端系统带来巨大的能量压力，使其难以支持持续的感知及处理带来的能量消耗，因此降低感知通道的能耗，是解决常开型智能视觉感知系统能量瓶颈的关键。

4.1　近传感技术的基本介绍

随着人工智能技术和大数据技术等前沿技术的快速发展，物联网产业已经迎来实际意义上的突破。"无处不在"和"无时不在"的物联网设备正在深刻地改变着人类社会。随着物联网在智能制造、自动驾驶、智能家居和智慧城市等领域的不断拓展和延伸，终端感知设备产生的数据量也在迅速膨胀。根据国际数据公司 IDC 的一项研究预测：到 2025 年，全球物联网设备的数量将达到 416 亿台，产生的数据量将高达 78.4 ZB。针对如此庞大的数据量，如何实现高效的传感数据收集和智能处理，是物联网技术进一步迈向智能化所面临的新挑战。

从目前主流的技术体系来看，物联网架构主要分为感知节点层、网络传输层和应用层三个层次，如图 4.1 所示。其中，感知节点层是整个物联网体系中海量数据的源头，也是促进物联网产业高速发展的核心要素。人们通过感知节点层内的传感器技术和终端预处理设备对物理世界进行实时感知，再通过网络传输层进行互联传输，进一步到应用层进行信息处理和知识挖掘，最终实现对物理世界的准确认知、科学决策和实时控制。人工智能和机器学习技术的快速发展在很大程度上推动了感知技术的进步。然而，随着物联网设备的大规模部署，数据膨胀的问题日益严峻，智能处理能力从云端下沉到终端的趋势越来越明显。鉴于终端感知设备受限资源、受限能源和受限带宽的天然特点，人们对于终端感知设备的智能化、安全性，以及持续工作时长提出了更严苛的要求。因此，具有智能处理能力、可长时间工作的智能持续感知系统及相关芯片设计技术已经成为物联网研究领域的热点话题。

图 4.1　物联网主要架构

智能持续感知系统指的是在各类物联网应用场景下能够长时间感受物理世界信息，并且具有一定程度的智能处理能力的物联网终端系统。在此类智能持续感知系统中，超低功耗感知集成电路芯片是核心部件，此类芯片主要有以下三个设计需求。

(1) 实时性需求。智能传感终端需要具备本地智能化处理能力，做到既能"快速感"，又能"快速知"。

(2) 高能效需求。高能效、本地化的传感信息处理技术以"提取有效信息"的方式，通过显著降低"通信带宽需求和能量需求"成为智能持续感知系统的核心技术。

(3) 安全性需求。终端设备需要具备一定的本地化处理能力，仅传输经过处理和加密后的非敏感信息，从而在源端增强整个物联网体系的安全性。

基于以上需求，可尝试将传感器技术和近传感智能处理技术融合设计，从而实现超低功耗感知集成电路芯片，这是一种非常有潜力和前景的思路。

1994 年，瑞典林雪平大学的研究者 Robert Forchheimer 等人提出了"近传感计算 (Near-Sensor Computing)"图像处理新范式。在新的传感器形态、多样化的智能感知任务高算力需求和先进集成电路制造工艺等条件下，此类芯片设计面临各种挑战。包括：

(1) 高效的传感数据采集。为了满足日益多元化的应用需求，新一代智能型传感器需要具备多模态信息传感能力。例如，类似于人类皮肤的感知特性，单一感受器可以同时探测多种外界信号 (如温度、压强和湿度等)。另外，由于不断扩展的感知边缘以及边缘端相对有限的空间和能量供给，发展微型化、低能耗的传感设备将成为大规模技术应用的关键点。

(2) 数据转换代价和接口代价问题。虽然近传感计算技术能够减少传感器向后续处理设备传输的数据量，但传统的基于数字信号处理的方案仍需要将传感器采集的大量原始信息通过模数转换器 (ADC) 转换到数字域，再进行后处理。这种不必要的数据转换带来了大量硬件开销并限制了能效的提升。

(3) 访存瓶颈问题。近传感计算技术虽然能够减少系统访问外部存储的需求，但是运算过程中仍然需要存取大量权重数据和中间结果，因此访存瓶颈依然存在。

(4) 电路非理想因素的限制。由于各种传感器本身的模拟信号输出特性，近传感计算系统通常是模数混合处理系统，此类系统在可扩展性、可配置性和可编程性等方面与数字系统存在差距，限制了计算系统的处理规模和应用范围。另外，混合信号运算单元存在的电路噪声、线性度和工艺偏差等各种非理想因素导致其计算精度有限，噪声和计算误差会沿着信号传播的路径不断累积，最终可能对输出质量造成显著影响。

芯片设计中的这些需求和挑战使得在现有物联网终端设备上进一步提升感知处理能效和复杂度变得十分困难，对于大量有限电池供电的物联网智能节点和新兴的穿戴式智能感知设备尤其显著。可以看到，上述芯片系统设计所面临的挑战不仅体现在电路设计层面，而且还体现在传感器器件、信号处理架构、应用算法设计，以及应用需求定义等方面。随着摩尔定律和登纳德缩放比例 (Dennard Scaling) 定律的逐渐失效，智能感知集成电路能效的提升越来越依赖于跨层次的联合设计方法。

对于面向智能感知的近传感计算来说，随着集成电路制造工艺的不断演进，以及新的计算架构的发展，数字处理系统，尤其是数字 ASIC(Application Specific Integrated Circuit, 专用计算电路) 系统的计算能效已经有了大幅的提升。但同时，随着图像处理算法性能的不断推进，算法的复杂度也越来越高，这带来了更大的计算代价及存储代价。伴随摩尔定律以及登纳德缩放比例定律的失效，传统数字域处理架构依然无法支持高性能算法在常开型嵌入式终端中的应用。为了解决这个问题，Moons 等人提出了层次化处理的方法，如图 4.2 所示。通过将复杂的人脸识别任务分解，逐级唤醒更高层次、更高复杂度的处理系统。相比于传统的直接进行大规模人脸识别的数字系统，该系统的平均处理能耗有了显著的降低。

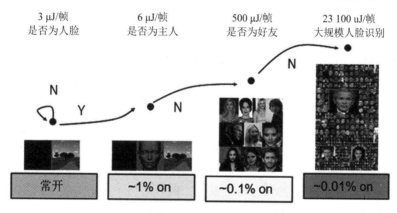

图 4.2　人脸识别任务中的层次化处理

对于传感部分来说，相比于计算能效，图片采集的能效要低 2～3 个数量级，每个像素点的采集能耗高达几百皮焦。随着计算系统能效的提升，在常开模式下，传感器获取图片的能耗已经超过单帧图片处理的能耗，成为系统能耗的主要瓶颈。例如，对于人脸识别数据集 LFW 中的人脸图片来说，使用加速器 (28 nm 工艺) 分辨单帧图片是否为人脸的能耗为 3 μJ，而使用传感 (90 nm Pixels + 40 nm ADC 工艺) 获取一张相同大小的图片需要的能耗高达 27 μJ，是处理部分能耗的数倍。可见，要提升常开型智能视觉感知系统的能量效率，不仅仅要降低处理部分的能耗，更要降低传感器的能耗。

4.1.1   近传感技术的基本要素

在近传感技术中，以图像传感器为例，其主要包含像素阵列、ADC(Analog-to-Digital Converter，模数转换器) 及模拟外设和数字控制及接口三大模块。像素阵列采集环境光强用于成像，ADC 及模拟外设将采集到的光强信号从模拟域转换到数字域，数字控制及接口用于控制工作时序以及输出图片的像素值。图 4.3 展示了 CMOS 图像传感器各部分能耗占比情况。可以发现，ADC 及模拟外设占据了 85% 以上的传感能耗，而负责采集环境光强的像素阵列的能耗占比不到 5%。由此可见，传感器部分的能量瓶颈主要在 ADC 及模拟外设、数字控制及接口部分。由于传统的数字信号处理的架构无法绕过这两部分直接对像素阵列的模拟输出进行处理，因此要解决数据转换和接口的代价问题，就需要寻求新的信号处理架构。

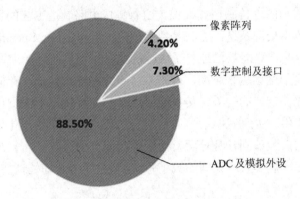

图 4.3   CMOS 图像传感器各部分能耗占比

由于在 CMOS 图像传感器中，像素阵列的原始输出为模拟信号。因此在模拟域进行前期的信号处理是解决传感器能量瓶颈的最直观的手段。相比于数字域信号处理，模拟域信号处理具有以下优势。

(1) 模拟域信号处理可以直接处理像素阵列的模拟输出，减少转换和传输的数据量，缓解数据转换和传输的能量瓶颈。具体方法有两种。一种方法是在模拟域进行信息提取，且只把提取到的信息转换到数字域，供后级处理使用。在特征数量远小于原始数据量的情况下，此种方法能够节省大量的数据转换及接口能耗。另一种方法是在模拟域进行信息筛选，将无用的帧或者像素区域滤除，以此来减少需要转换和传输的数据量。

(2) 模拟域信号处理具有更高的能效，能够减少处理部分的能耗。模拟域信号在信号表示方面具有天然的优势，一个电压 / 电流可表示多个比特数据。因此在一些低精度、低复杂度的专用任务上，模拟域信号处理能够达到更高的能量效率。

在层次化信号处理架构中，低层次处理阶段一般具有算法简单、容错性高的特点，很适合放在模拟域进行，在近传感器端直接利用原始像素数据进行低层次的信息滤除和筛选。在这种处理方式下，像素阵列获取的数据直接送入模拟计算单元进行简单快速的处理，并判断是否为后级需要的数据。若不是，则直接在模拟域丢弃该原始数据；若是，则将该原始数据转换到数字域，并输出至后级的数字处理系统以进行更高层次的分析。这种处理方法只转换输出对后级系统有用的数据帧或像素块，消除了数据冗余，能够显著降低数据转换及接口部分的能耗。同时，由于图像传感器输出的是原始的数据帧或像素块，而非提取的信息，因此可以解决模拟域信息提取方法中"信息"定义和选择的难题，避免后级处理系统受限于提前定义好的特征。因此这种基于层次化信号处理的模拟域信息滤除方式具有更好的通用性。

综上所述，在常开型智能视觉感知系统中引入层次化信号处理以及模拟域信息滤除，不仅能够降低常开阶段的算法复杂度，还能够通过模拟域处理，提高计算能效并降低数据转换瓶颈，同时可在传感部分和计算部分节省能耗，对于解决常开型智能视觉感知系统的能效瓶颈具有重要的研究意义。然而，模拟信号处理电路容易受到工艺偏差、温度和电压漂移及噪声的影响，导致运算精度下降，影响处理系统的性能。因此模拟信号处理系统一般需要一些额外的校准系统或特殊的时序设计，来减少这些非理想因素的影响。如何在终端资源受限的情况下对阵列化的模拟处理单元进行校准，同时不在校准后引入额外的处理代价，也是近传感器端模拟信号处理系统需要考虑和解决的难题。

4.1.2　传统智能感知系统计算架构的能效瓶颈

图 4.4 为传统的数字图像处理架构。在传统的数字图像处理架构中，传感器采集环境信号并产生模拟输出，经过模数转换后转换到数字域，交由数字信号处理模块 (CPU/GPU/FPGA/ASIC 等) 进行处理，提取图像中的高层次信息，供后级系统处理使用。这种信号处理架构的能量消耗主要集中在以下两个方面。

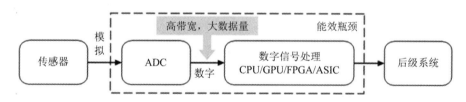

图 4.4　传统数字图像处理架构

(1) 大量的模数转换带来的高接口代价。在传统数字图像处理架构中，图像每一帧的每个像素点都需要转换到数字域，这对 ADC 的带宽等性能提出了很高要求。这种高带宽、大数据量的数据转换导致了大量的能量消耗。如前文所述，在传统传感器中，模数转换和数字控制及接口部分占据传感器功耗的 90% 以上。

(2) 高复杂度的算法带来的高计算代价。虽然先进的工艺和处理器架构提高了数字运算的能量效率，但是算法复杂度也随着算法性能的提升而大幅度增加。在后摩尔时代，伴随工艺演进速度减缓以及登纳德缩放比例定律的失效，传统数字处理方法无法支持高性能算法在常开型嵌入式终端中的应用。

因此要降低图像信号处理的能量消耗，使其能够适用于常开型智能视觉感知系统，这需要同时从降低数据转换传输功耗和降低计算功耗两个层面入手，寻求新的信号处理架构。

4.1.3 层次化信号处理的优势和基本结构

Moons 等人提出了层次化信号处理的思想并将其引入图像处理领域。如图 4.5 所示，层次化信号处理将复杂的图像处理任务分解为几个不同的阶段。在这些不同的阶段，图像处理任务越来越复杂，分类算法复杂度越来越高，能量消耗也越来越高，但是唤醒的时间越来越短。层次化信号处理通过在不同的阶段对信息进行滤除，减少复杂处理系统的开启时间，以此减少了整个系统的平均能量消耗。

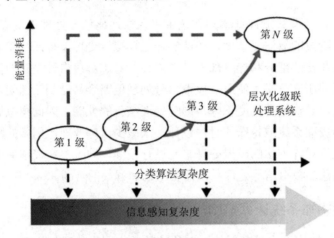

图 4.5　层次化信号处理结构图

层次化信号处理的方式跟传统的级联分类器虽然在结构上相似，但是其设计思想和细节有着本质上的差异，具体如下：

(1) 级联分类器以提高分类准确率为优化目标，而层次化信号处理则以在保证一定的处理性能的基础上减少系统功耗为主要优化目标。级联分类器通过不同参数分类器的级联和逐级决策，获得分类准确率的提升。层次化信号处理方法则在不同的级别进行单独的决策，通过先验知识滤除对后级无用的信息，以减少后级系统的待机时间，从而降低系统能耗。

(2) 级联分类器每一级的处理方式和复杂度类似，而层次化信号处理不同级的处理复杂度不同。级联分类器一般通过相对简单的分类器的级联，实现更高复杂度和精度的分类器。而层次化信号处理中，算法的复杂度逐级升高，提取的信息也越来越抽象。层次化信号处理中，前级由于开启时间长，因此使用简单的算法进行简单的处理，以减少系统平均能耗。由于前级进行了信息滤除，导致后级处理开启时间短，因此可以采用复杂的算法，提取高维特征，以获得更好的处理效果。

简言之，在层次化信号处理系统中，前级系统设计的主要目标是节省能耗，后级系统设计的主要目标是保证系统的性能。因此在传统数字图像处理架构中引入层次化信号处理的方法，可以显著降低常开型智能视觉感知系统的计算能耗。但是由于层次化信号处理方法依然是在数字域进行信号处理，无法避开传感器的模数接口，因此单纯地使用层次化信号处理无法解决数据转换的能量瓶颈。

要解决常开型智能视觉感知系统的数据转换能耗瓶颈，在模拟域进行信号处理是必不可少的。但是模拟信号处理系统的设计和使用受到许多因素的影响。一是模拟信号处理系统的精度受限。模拟信号处理系统的处理精度受到噪声、寄生等因素的影响，很难实现高精度的运算。二是模拟域数据存储困难。由于漏电等因素的影响，要实现模拟存储系统，尤其是高精度、长时间的模拟存储系统，需要消耗很大的面积和功耗代价。因此模拟信号处理比较适用于容错性好、数据结构简单、数据量小的处理算法。在层次化信号处理架构中，前级处理系统抽象层次低、算法简单，有可能满足模拟信号处理对于算法复杂度、算法容错性的要求，使得前级处理子系统能够在模拟域实现，以缓解常开型智能视觉感知系统的数据转换能耗瓶颈。为此，研究者提出了一种基于层次化信号处理的模拟域近传感计算架构，将信号检测和信号识别两部分移到模拟域进行实现，如图 4.6 所示。

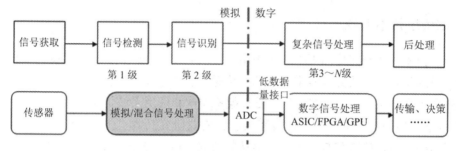

图 4.6　基于层次化信号处理的模拟域近传感计算架构框图

图 4.7 展示了一种基于层次化信号处理的近传感计算架构的数据流，其中，蓝色箭头为常开阶段及低层次处理阶段的数据流；红色箭头为高层次处理阶段的数据流 (通过扫描图 4.7 右侧的二维码获取彩色插图)。在信号检测和信号识别阶段，像素阵列的模拟数据直接送入近传感器端的模拟信号处理器，ADC、I/O 接口以及数字处理器处于关闭状态。当前级系统检测到需要转换到数字域进行深层次细节处理的目标时，ADC、I/O 接口以及数字处理器被唤醒，将模拟信号转换为数字信号，输出给数字处理器进行更深层次的信息挖掘。当需要深层次处理的目标的出现频率较低时，相比于传统的数字信号处理架构，此架构将能够通过以下几个方面节省系统能耗。

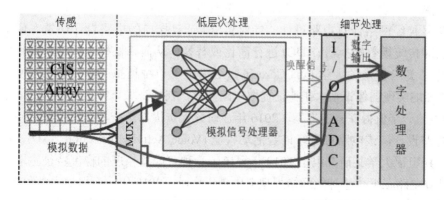

基于层次化信号处理的近传感计算架构数据流

图 4.7　基于层次化信号处理的近传感计算架构数据流

(1) 模拟域信号处理。相比于传统的数字信号处理架构，基于层次化信号处理的近传感计算架构可以利用模拟电路数据表示优势，降低计算部分的能耗。

(2) 模拟域信息滤除。基于层次化信号处理的近传感计算架构可直接在模拟域通过信号检测及简单的信号分类，实现对原始像素信息的分类滤除，减少对无效信息的转换，降低常开型智能视觉感知系统的数据转换和接口代价。

(3) 近传感处理，不改变 CMOS 图像传感器内部结构。相比于像素内计算，近传感计算不会降低像素阵列的填充率，并可使用现有的像素结构进行设计。

综上所述，基于层次化信号处理的近传感计算架构既可以通过层次化信号处理降低常开型智能视觉感知系统的平均能耗，同时还能通过模拟域信号处理对无效信息进行滤除，降低系统的数据转换和接口代价。

4.1.4   近传感技术的发展现状

近传感技术的实施充分体现了通过采用跨层次软硬件联合设计方法来提升集成智能感知系统能效的特点，其研究内容重点包括"传感"和"计算"的技术研究，主要体现在传感器器件和阵列层次、计算电路层次、处理架构层次和应用系统优化层次。

(1) 传感器器件和阵列层次。近传感技术首先要研究高效"传感"的技术，新型传感器器件和阵列化设计的研究是一个非常活跃的研究领域。在高能效微型化的多模态传感器设计方面，相对于将多种分立的传感器器件简单拼装起来的传统方案，一种新的思路是开发一体化的多功能传感器，使得单一传感器器件可以同时探测多种模式的信号。这样可以在实现多模态感知和融合的前提下，进一步降低传感器器件的复杂度、空间成本以及能源消耗。近年来，数名研究者报道了应用于软机器人学和可穿戴设备的一体化多模态传感器。例如，研究者开发了一种基于电容传感的机器人皮肤，该机器人皮肤可同时探测表面的剪切应力、拉伸应力和法向压力。清华大学的张莹莹课题组发明了一种可以印制在皮肤表面的电学涂鸦，该电学涂鸦能够同时检测体表的应力、温度和湿度变化。然而，此领域的研究总体处于初步发展阶段，且基本停留在单一多模态传感器器件的制备和表征上，阵列化的相关工作较少，也尚未实现完整的边缘智能感知计算系统的设计。

(2) 计算电路层次。其研究内容主要包括高能效感 - 计算接口电路设计、模拟域特征提取和混合信号神经网络计算电路设计。针对传感 - 计算接口的电路设计通常在像素级或像素阵列级对传统模数转换器 (ADC) 进行简化或替换，从而降低接口代价，提升处理能效。2017 年，美国华盛顿大学 Luis Ceze 研究组提出了一种模拟 - 随机序列转换接口，直接在传感器端实现图像识别。在特征提取电路方面，在模拟域直接进行特征提取是"感算共融"技术的一个值得探索的方案。2016 年，研究人员提出了一种在模拟域直接提取语音特征的电路设计，该电路可进行语音活动检测 (Voice Activity Detection，AD)。在视觉感知领域，斯坦福大学某研究组于 2019 年提出了一种可配置精度的梯度特征提取电路。混合信号计算电路在近传感神经网络处理器中应用广泛。2019 年，斯坦福大学和 KU Leuven 合作研究的常开型二值神经网络终端处理器利用开关电容神经元在模拟信号域实现高度并行的乘累加操作。总的来说，模拟和混合信号电路由于能够在运算精度和电路功耗之间获得更好的折中，并且天然地能够直接处理传感器输出的各类模拟信号，因而成为提升近传感计算电路处理能效的一个具有前景的方案。但现有方案的电路复杂度高，拓展性差，且模拟电路本身的非理想因素也容易对输出质量造成影响。因此，需要设计一种具有良好拓展性的模拟电路实现技术。同时，也需要从电路复杂度和非理想因素对输出质量的影响出发，进行算法 - 电路联合设计和优化。

(3) 处理架构层次。该层次需要在比电路拓扑设计更抽象的层次上综合考虑运算模型和存储访问模型。为了拉近"传感器"和"处理器"的距离，研究者探索新型感知处理架构，以降低"感算"数据转换代价。2016 年，Rice 大学的研究人员提出了面向移动端视觉感知的 Redeye 架构。该架构设计了一种与传感器直接相连的模拟信号处理模式，通过在传感器端集成模拟计算电路，可直接实现神经网络运算，降低传感器输出数据量，从而降低接口代价。2019 年，清华大学提出一种混合信号近传感处理架构 (Processing Near Sensor Architecture，PNSA) 和芯片设计，通过对传感器输出接口进行重新设计，实现了高能效连续时间信号的处理芯片。上述面向感知计算的架构设计存在针对电路噪声、失配以及工艺偏差等非理想特性的优化设计挑战和访存瓶颈优化等挑战，通常需要设计复杂的补偿电路和校准机制来抵抗这些因素的影响。进一步，针对各类支持神经网络任务的感知处理系统访存代价问题，2015 年，中科院计算所提出的 ShiDianNao 架构是一种典型的近传感计算架构。该架构通过将传感器和处理系统紧密集成，消除了外部访存代价。类似的工作还有MIT 的研究人员分别在 2016 年和 2019 年提出的 Eyeriss 和 Eyeriss v2 架构。这些基于更靠近运算单元的局部数据组织的"近数据"处理架构并没有在本质上解决访存瓶颈。存算一体或存内计算技术 (Computing-in-Memory 或 Process-in-Memory) 作为一种有着广阔前景的解决方案，以并行处理在内存中计算作为操作方式，突破新型计算模型在冯·诺依曼架构中的能效性能瓶颈。但是当前各类存算一体工作主要聚焦单一器件的体系架构模型，没有针对智能感知场景进行从感知到存储计算的深层联合优化；现有存算一体架构中的众多数据转换接口反而成为系统能效瓶颈。如何结合不同的感知场景、电路和器件设计，面向感知信号处理的存算一体处理器，目前尚缺乏从前端传感器器件、底层计算器件、电路到顶层架构、算法的全栈式研究。

(4) 应用系统优化层次。设计小型化、智能化和高能效的智能感知集成电路系统是物联网技术发展的终极目标。从工业界需求和学术研究的角度来看，亟须研发高效的近传感计算架构和芯片技术，完成对于典型的阵列信号感知、时序信号感知和时空域信号感知等多模态智能处理任务的验证。2018—2021 年，Sony、意法半导体、博世和楼氏电子等传统传感器巨头纷纷尝试智能传感器产品的研发，不断推出将传感器和各种形式 AI 处理器集成的解决方案。例如，国内华为公司的 HoloSens 智能监控等产品，将 CMOS 图像传感器与终端人工智能芯片结合，可以不间断地进行视野内的人脸或车辆检测、属性识别和比对等业务，并且能够在需要的时候向用户发送报警信息。

随着物联网和人工智能技术的发展，具有智能感知能力的终端边缘设备逐渐走进人们的日常生活。边缘感知系统的应用领域主要包括安防监控、自动驾驶、智能制造，以及生活娱乐的便携式和穿戴式设备等多个方面，市场潜力巨大。

在国家战略层面，智能传感器技术已经成为支撑"中国制造 2025"等重大国家战略的基础技术，对于促进产业结构升级和经济社会绿色可持续发展具有重要意义。边缘感知系统作为物联网基础设施具有重要的研究价值。工信部发布的《"十四五"信息通信行业发展规划》中明确指出，要进一步推动物联网感知设施规划布局，制定感知技术和设备标准，推动感知技术与智能制造融合等。在"十四五"信息光子与微纳电子技术研究计划中，包括"存算融合、模拟计算、传感计算融合"的新架构新系统核心芯片也是重点研究课题。2020 年 10 月，美国 SRC 与 SIA 在同一时期联合发布半导体技术未来 10 年发展预测，其中提到的 5 项关键技术中排名第一位的即为基于模拟硬件的智能感知技术（智能感知需要在模拟硬件方面取得根本性的突破，以产生能够感知和推理的更加智能的智能机器）。

4.2 基于帧差运算的近传感器端运动检测系统

帧间差分法是用于检测运动物体的常用算法。当监控场景中出现运动的物体时，图像传感器拍摄到的图片的相邻两帧会呈现出很大的差异，通过对比相邻两帧或当前帧与背景帧之间的差异，就可以判断场景中是否有运动物体，并得到物体轮廓。帧间差分法的应用广泛，且其算法流程简单，很适合作为层次化近传感器处理架构中的前级信号检测系统。本节将从系统架构、Roberts 边缘检测算子、计算单元设计以及能效的评估四个方面，详细介绍模拟域近传感器端帧间差分法的设计实现方案。

4.2.1 系统架构

帧间差分法的算法性能依赖于选择帧的时间间隔。对于快速运动的物体，求差的两帧之间的时间间隔可以设置得比较短。而对于慢速运动的物体，求差的两帧之间的时间间隔需要设置得比较长，以保证物体在前后两帧中的位置发生变化。因此，求差的两帧之间必须保证一定的时间差（如在 30 fps 的帧率下，相邻两帧的时间间隔为 33 ms），以保证能够检测到运动速度较慢的物体。然而在标准 CMOS 工艺流程中，由于漏电流等因素的存在，要实现模拟信号的长时间存储，需要消耗很多的能量和付出很大的面积代价。

考虑到物体在移动时，其边缘会随着物体位置的变化而变化。传统方法是在数字域先提取边缘，再使用边缘数据进行帧差检测。在近传感设计中，可以采用在模拟域进行边缘提取，在数字域进行帧差对比的方式，解决模拟信号长时间存储难题。传统帧差检测系统与近传感器端帧差检测系统架构的对比如图 4.8 所示。与传统帧差检测系统相比，近传感器端帧差检测系统具有以下特点：

(1) 模拟域边缘提取，用比较器代替 ADC。首先在模拟域使用 Roberts 算子提取场景中物体的边缘信息，然后使用比较器对边缘进行二值化操作，将边缘转换到数字域。通过二值化边缘提取，避免了 ADC 的使用，减少了数据转换的功耗。

(2) 数字域边缘对比，在数字域存储边缘信息，并进行帧间差分处理，避免了模拟域长时间存储问题。

(3) 跳过了传统的相关双采样 (Correlated Double Sampling，CDS) 模块，将相关双采样过程与边缘提取相结合。相关双采样通过对一个像素周期进行两次采样，并将两次采样的差值作为输出像素，来解决传感器中由工艺偏差、复位噪声等因素带来的固定模式噪声 (Fixed Pattern Noise，FPN)，提高图片的信噪比。在 CDS 过程中，减法操作与边缘提取过程中的减法操作可结合在一起，进一步节省 CDS 操作的功耗。

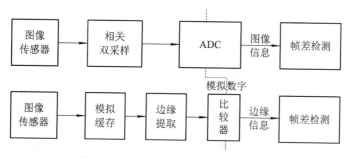

图 4.8　传统帧差检测系统与近传感器端帧差检测系统对比

4.2.2　Roberts 边缘检测算子

Roberts 算子利用图像上对角线相邻两元素之差来近似表示图片梯度，进而得到图片的边缘。其计算方式如下：

$$
\begin{cases}
G_x(x,y) = f(x+1,y+1) - f(x,y) \\
G_y(x,y) = f(x+1,y) - f(x,y+1) \\
G(x,y) = |G_x(x,y)| + |G_y(x,y)| \\
B(x,y) = G(x,y) > \text{Threshold}
\end{cases}
\tag{4.1}
$$

其中，$f(x,y)$ 为坐标 (x,y) 处的像素值，$G(x,y)$ 表示 (x,y) 处的梯度，$B(x,y)$ 为二值化之后的边缘，Threshold 为二值化阈值。在 CIS 图像传感器中，相关双采样操作会在一个像素周期采样两次并作差，得到最终的像素值，以消除固定模式噪声的影响，即：

$$
f(x,y) = f_{\text{rst}}(x,y) - f_{\text{sig}}(x,y)
\tag{4.2}
$$

其中，$f_{\text{rst}}(x,y)$ 为第一次采样结果，$f_{\text{sig}}(x,y)$ 为第二次采样结果。将相关双采样过程与 Roberts 边缘提取过程融合，并对边缘提取的最后一步进行简化改进，以简化处理电路的设计。改进后的 Roberts 算子边缘提取方式可表示为

$$
\begin{cases}
G_x(x,y) = [f_{\text{rst}}(x+1,y+1) - f_{\text{rst}}(x,y)] - [f_{\text{sig}}(x+1,y+1) - f_{\text{sig}}(x,y)] \\
G_y(x,y) = [f_{\text{rst}}(x+1,y) - f_{\text{rst}}(x,y+1)] - [f_{\text{sig}}(x+1,y) - f_{\text{sig}}(x,y+1)] \\
B(x,y) = |G_x(x,y)| > \text{Threshold} \quad 或 \quad B(x,y) = |G_y(x,y)| > \text{Threshold}
\end{cases}
\tag{4.3}
$$

图 4.9 展示了基于改进 Roberts 算子的边缘帧差检测效果与传统帧间差分法检测效果的对比。可以发现，基于改进 Roberts 算子的边缘帧差检测能够很好地检测到物体的位置变化。

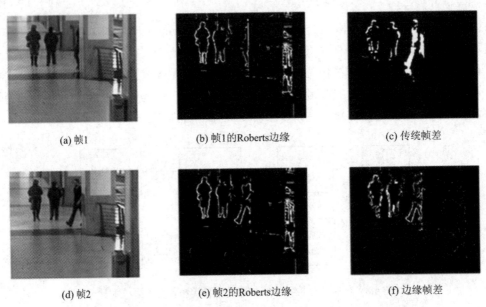

(a) 帧1　　　　　(b) 帧1的Roberts边缘　　　　　(c) 传统帧差

(d) 帧2　　　　　(e) 帧2的Roberts边缘　　　　　(f) 边缘帧差

图 4.9　基于改进 Roberts 算子的边缘帧差检测与传统帧间差分法效果对比

4.2.3　计算单元设计

1. 像素单元

传统的 3T-APS 结构可以作为基本像素单元。3T-APS 结构中每个像素点都由一个光电二极管和三个晶体管构成，每列像素单元共享一根输出线，且电流源偏置，如图 4.10 所示。每个像素周期包含一个复位阶段和两个采样阶段。

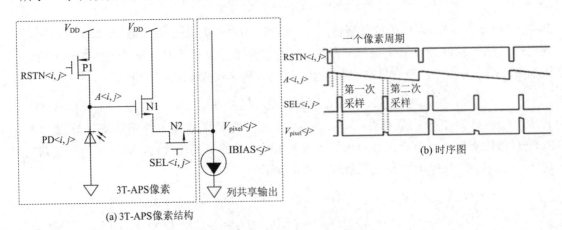

(a) 3T-APS像素结构

图 4.10　3T-APS 像素结构及其时序

在复位阶段，RSTN$<i, j>$ 信号先置位，晶体管 P1 导通，将节点 $A<i, j>$ 复位到电源电压 V_{DD}，然后将 RSTN$<i, j>$ 信号复位，关断晶体管 P1。光电二极管 PD$<i, j>$ 将环境光强转换为光电流，给其寄生电容放电，导致 $A<i, j>$ 节点电平下降，下降斜率与环境光强正相关。当采样时间间隔固定时，$A<i, j>$ 节点电平的变化即反映了该位置的光强。

在采样阶段，将晶体管 N2 导通，晶体管 N1 和列共享电流源 IBIAS$<j>$ 构成源极跟随器，将 $A<i, j>$ 节点电平读出到 $V_{pixel}<j>$。为了消除像素阵列的固定模式噪声，在每一个像素周期进行两次采样，两次采样的差值可作为该点的像素值。

2. 模拟存储单元

模拟存储单元电路如图 4.11(a) 所示。WEN 信号为采样控制信号，当 M1 管导通时，输入的像素信号被采样到节点 A，并存储在电容 C_s 上。SELN 为输出控制信号，当该信号为低电平时，M3 管导通，节点 A 点的电压 V_A 通过 M2、M4 构成的源极跟随器输出 V_f。使用 128 fF 的 MIM 电容作为存储电容 C_s，响应曲线如图 4.11(b) 所示。在 150 μs 的保持时间内，对模拟存储单元进行多次读写操作，存储精度仅损失 1.5 mV，能够满足算法的要求。

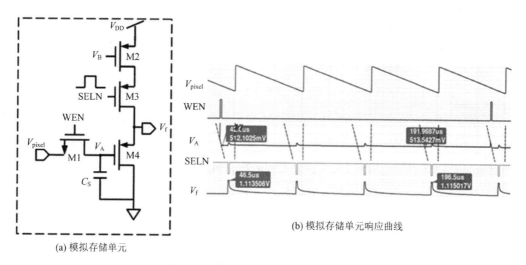

(a) 模拟存储单元　　　　　　　　　　(b) 模拟存储单元响应曲线

图 4.11　模拟存储单元及其响应曲线

另外，我们可以跳过原始的 CDS 模块，直接保存 CDS 之前的输出，即原始的采样数据。因此对于每个像素点，需要保存两个电压 (V_{frst} 和 V_{fsig})。这种伪差分的存储方法可以消除源极跟随器的阈值损失以及部分由工艺偏差等引起的一阶误差。

3. 边缘提取模块

图 4.12(a) 展示了边缘提取电路。此电路由一个开关电容减法器 (由运算放大器和电容元器件构成)、两个动态比较器和一个或门组成，用于提取 Roberts 算子中一条对角线方向上的边缘。在像素曝光及采样的间隙，通过将 EN 和比较器的 CLK 信号置低电平，切断边缘提取模块的供电，使其处于休眠状态，以节省静态功耗。像素曝光采样完成后，通过将 EN 置高电平，使电路进入边缘提取过程。每次边缘提取过程分为三个阶段：

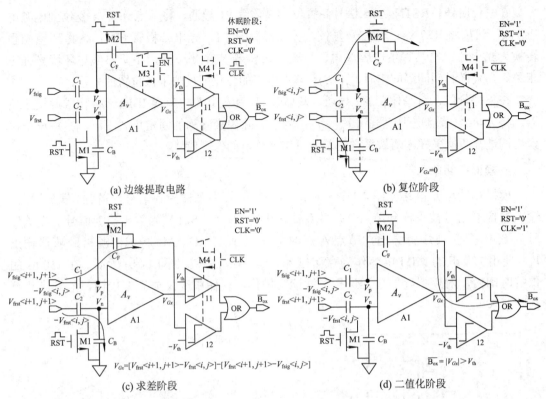

图 4.12　边缘提取模块及其工作流程（"1"代表高电平，"0"代表低电平）

（1）复位阶段。EN 置高电平，RST 置高电平。这一阶段完成两项任务，一是对运算放大器进行复位操作，使其建立到设计的直流工作点，进入放大模式；二是从前级模拟存储阵列中读取上一行的像素数据 $V_{\text{fsig}}<i,j>$、$V_{\text{frst}}<i,j>$，将其分别采样到输入电容 C_1 和 C_2，并保存。

（2）求差阶段。保持 EN，将 RST 置低电平。从前级模拟存储阵列中读取本行数据，将其输入减法器的两个输入端。由于输入电容 C_1 和 C_2 保存了前一行的像素数据 $V_{\text{fsig}}<i,j>$ 和 $V_{\text{frst}}<i,j>$，因此对于运算放大器输入输出端来说，有

$$\begin{cases} V_{\text{n}} = V_{\text{frst}}<i+1,\ j+1> - V_{\text{frst}}<i,j> \\ V_{\text{p}} = V_{\text{fsig}}<i+1,\ j+1> - V_{\text{fsig}}<i,j> \\ V_{Gx} = V_{\text{n}} - V_{\text{p}} \end{cases} \tag{4.4}$$

其中，V_{Gx} 即对应式 (4.3) 中的一个图像梯度 G_{x}。

（3）二值化阶段。当运放的输出 V_{Gx} 建立完成后，将 CLK 置高电平，使后级的动态比较器开始工作，得到一个方向上的边缘 B_{ox}。在此阶段，二值化操作 $|V_{Gx}|>V_{\text{th}}$ 被分解为 $V_{Gx}>V_{\text{th}}$ 和 $V_{Gx}<-V_{\text{th}}$ 操作。

对 $<i,j+1>$ 和 $<i+1,j>$ 位置的像素点重复上述操作，可得到另一方向上的边缘 B_{oy}，将两个方向上的边缘进行或操作，即可得到 $<i,j>$ 处的 Roberts 边缘特征。图 4.13 展示了

使用上述硬件电路提取的边缘和使用软件提取的边缘的差异。可以发现，两者提出的边缘位置稍有差异，但二者提取的边缘的像素点数量相差不到 2%。考虑到帧差检测的目的在于监控环境中是否有运动物体，而并不要求对物体进行精确定位，因此硬件单元提取出的边缘差异不会对算法性能产生大的影响。

   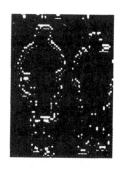

(a) 原始图片   (b) 软件提取的边缘   (c) 硬件电路提取的边缘   (d) 软硬件差别

图 4.13 软硬件提取的边缘对比

4. 帧差计算及控制

首先提取的边缘经二值化后，输入数字域帧差计算模块；帧差计算模块会保存前一帧或背景帧的边缘信息，并与当前帧进行比较。然后统计两帧不同像素点的数量，并与预设的阈值进行对比。若超过阈值，则说明场景中有运动目标，帧差计算单元将产生一个唤醒信号，用于唤醒下一级系统对场景信息进行采集和分析。数字控制部分主要用于产生控制传感器曝光和采样的控制信号，以及边缘提取模块的时序控制信号。

4.2.4 能效的评估

基于 SMIC 180 nm CMOS 工艺，配置一个 32 × 32 的 CIS 图像传感器，其版图如图 4.14 所示。在帧差检测模式下，首先对图像进行下采样，分辨率变为 8 × 8，然后进行边缘提取。使用大小为 4 × 8 的模拟存储阵列保存两行像素数据，满足 Roberts 边缘提取的需求。为了使传感器能够输出原始图片，我们保留了传统的 CDS 模块，但是在帧差检测模式下，该 CDS 模块的供电将被切断以节省能量。

帧差检测传感器平均能耗为 128 pJ/ 帧。由于像素阵列较小，因此最大可支持 2000 fps 的帧率。图 4.15 展示了 CIS 智能传感器在帧差检测模式下各部分的功耗占比情况，可以看出边缘提取模块的平均功耗占比较小。

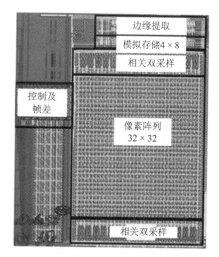

图 4.14 带有 8 × 8 分辨率帧差检测的 32 × 32 CIS 传感器版图

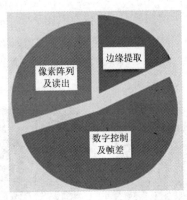

图 4.15　帧差检测模式下各部分功耗占比情况（后仿真结果）

　　表 4.1 展示了帧差检测传感器能量效率主流工作的对比情况。可以看出，在工艺受限的情况下，与 Kyojin 等人提出的低功耗数字域帧差检测系统相比，此帧差检测系统依然有超过 3 倍的能效优势。T.Ohmaru 等人提出的模拟像素内计算虽然能达到更高的能效，但是其需要将运算单元集成到像素节点，造成像素结构复杂，填充率低，并且需要特殊工艺（晶体氧化物晶体管，CAAC-OSFET）解决模拟域长时间存储问题。而本章介绍的近传感器帧差检测系统，可以和传统按行读出的像素阵列兼容，无须重新设计像素结构；并且通过边缘提取，解决了模拟信号长时间存储问题，可以使用标准 CMOS 工艺实现。

表 4.1　主流工作对比

主流工作	Kumagai, ISSCC18	Kyojin, ISSCC19	T.Ohmaru, ISSCC15	帧差法
工艺	90 nm + 40 nm	65 nm	0.5 μm + 180 nm	180 nm
分辨率	16 × 5 (4M)	32 × 20 (792 × 528)	240 × 160	8 × 8 (32 × 32)
计算方式	数字	数字	模拟像素内计算	模拟近传感计算
像素配置	3T-APS	4T-APS	5T2C	3T-APS
帧率	10 fps	170 fps	60 fps	2000 fps
功耗	1.1 mW	0.29 mW	25.3 μW	16.6 μW
能耗	1.38 μJ/ 帧	400 pJ/ 帧	10.5 pJ/ 帧	128 pJ/ 帧

4.3　基于 CNN 的近传感器端分类识别系统

　　图 4.16 展示了一种全并行式的模拟域卷积神经网络 (Convolution Neural Network，CNN) 计算架构。图像传感器采集到的像素数据直接被送入计算阵列的第一个卷积层，即乘累加单元 (Multiply and Accumulate Unit, MAU)，进行第一次卷积运算，然后信号继续往后流动，进入池化 (Pooling) 层进行池化操作，依次类推，直到最后一层。最后一层为全连接层 (Full Connection，FC)，它的输出即为最后的分类结果。在此架构下，每一层计算阵列的大小直

接与该层的运算量相对应，即每一个逻辑计算操作都对应一个实际的物理操作单元，在同一张图片的分类过程中，没有运算单元被重复使用。

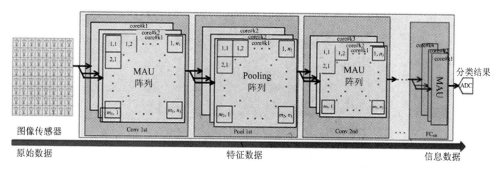

图 4.16　全并行式的模拟域 CNN 计算架构

此架构的处理时间直接与电路建立时间相对应，处理过程无须时钟干预，只需对输出层进行采样，即可得到计算结果。此外，所有层的输出结果直接被下一个计算层使用，无须模拟存储来保存中间运算结果，因此这种方式能够达到很高的计算能效。此外，此架构只需对分类结果进行模数转换，因此能够节省大量的 ADC 转换能耗，从而缓解智能感知系统的能量转换瓶颈。但是其缺点在于运算单元消耗多、互联代价大，尤其是当算法网络规模比较大时，其消耗的运算资源和互联资源都会占据大量的面积。因此，在这种全并行式架构下，运算单元的设计非常简单，并且算法网络规模会受到限制。

4.3.1　MAU 单元

使用最基本的差分对管单元可以构建 MAU，如图 4.17(a) 所示。当差分对管在亚阈值区工作且输入电压 V_{w} 较小时，有

$$I_{\mathrm{out}} = I_{\mathrm{A}} - I_{\mathrm{B}} = \frac{1}{2nV_T} \cdot I_{\mathrm{x}} V_{\mathrm{w}} \tag{4.5}$$

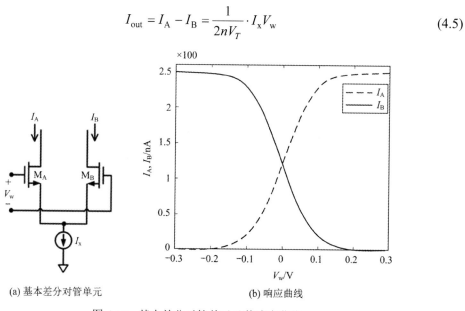

(a) 基本差分对管单元　　　　　(b) 响应曲线

图 4.17　基本差分对管单元及其响应曲线

其中，n 为亚阈值斜率，V_T 为热电压。其响应曲线如图 4.17(b) 所示。图 4.18 展示了用于计算 5×5 卷积的 MAU 单元。根据基尔霍夫电流定律，乘法单元的输出电流 I_A、I_B 分别在节点 A、B 进行求和，然后在节点 C 进行求差，得到最后的输出结果 I_{out}。

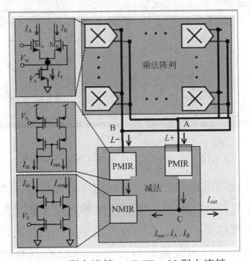

PMIR—P 型电流镜；NMIR—N 型电流镜。

图 4.18   并行计算 5×5 卷积的模拟 MAU 单元

4.3.2   Sigmoid 单元

Sigmoid 单元经常作为非线性函数，对神经元值进行非线性映射操作。基于亚阈值差分对管的指数响应特性，可以得到 Sigmoid 函数单元。输入电流先通过有源电阻转换为电压，然后送入差分对管单元，进行 Sigmoid 非线性映射。图 4.19 展示了其仿真结果以及与标准 Sigmoid 运算单元的误差情况。仿真结果显示，两者的差距小于 1%。

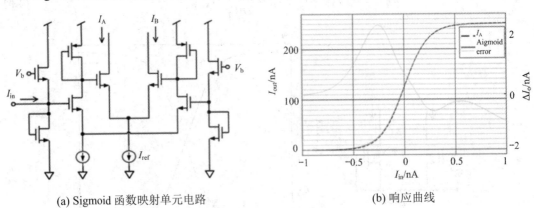

(a) Sigmoid 函数映射单元电路   (b) 响应曲线

图 4.19   Sigmoid 函数映射单元电路和响应曲线

4.3.3   单元复用的运算架构

图 4.20 展示了单元复用的模拟域 CNN 计算架构，其运算单元在层内及层间通过数字

控制模块进行重复使用，以支持不同结构的算法网络。对于分类系统来说，CNN 算法各层的权重是固定的，需要长时间的存储，而中间的神经元值随着输入的变化而变化，因此其不需要长时间的存储，保存时间只需满足下一层的计算时间需求即可。因此可以采用数字域权重、模拟域神经元激活值的运算方式，以适应不同数据的存储时长要求。

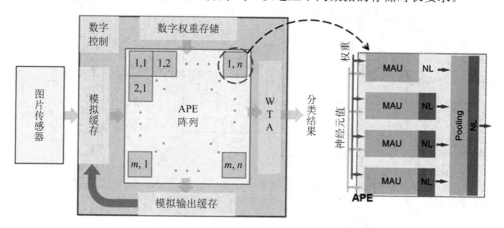

图 4.20　单元复用的模拟域 CNN 计算架构

在此架构中，从图片传感器获取的数据先存储到模拟缓存中，然后按块载入模拟计算单元 (Analog Processing Element，APE) 阵列中进行运算。其中，APE 阵列在列向共享权重，在行向共享神经元值。APE 阵列的不同列同时计算不同的输出特征图，不同行同时计算同一输出特征图的不同位置，以减少数据存储的读取操作。APE 阵列的输出结果将先输出到模拟输出缓存进行短时间的保存，然后送入计算单元进行下一层计算操作，或者送入WTA(Winner Takes All) 单元进行比较，寻找最大值位置，进行分类结果的输出。

一个 APE 单元包含 4 个共享权重的乘累加单元 (MAU)、1 个池化单元 (Pooling) 和 5 个非线性单元 (NL)。对于卷积层来说，在每个计算周期，1 个 MAU 单元计算一个卷积核的一行，4 个 MAU 单元即可完成一个完整的卷积操作的计算。4 个 MAU 同时进行同一个特征图的 4 次卷积运算，其运算结果所在位置对应一个 2×2 的 Pooling 单元输入的位置，使得卷积的结果可以直接输入 Pooling 单元进行池化操作，而无须写入模拟存储。对于像lenet-5、caffenet 等卷积层后面总是伴随着 Pooling 层的网络来说，这种计算方式能够节省80% 的写存储操作。另外，同一个 APE 中的 MAU 单元的神经元输入可以部分共享，能够进一步降低访存代价。

4.3.4　积分单元

MAU 单元完成数字域权重与模拟域神经元值的相乘，并将结果累加，以完成一次卷积操作。我们可以使用全差分开关电容积分器作为 MAU 单元，如图 4.21 所示。其中，权重数据以原码形式存储，其符号位 Wb7 用于控制输入信号的方向，其他位用于控制带有权重的电容器是否接入运算单元。我们使用分段开关电容阵列，以减少最大电容的容值及运算单元的面积。

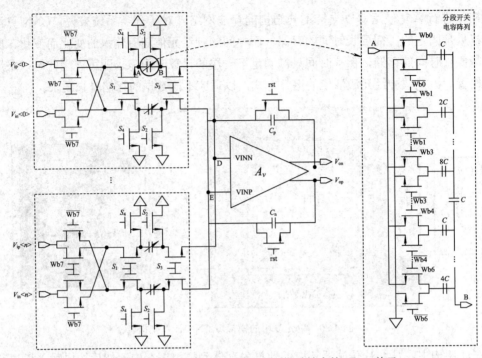

图 4.21　基于开关电容积分器的 8 bit 权重精度的 MAU 单元

在一个积分器中，可以带多个可变电容阵列，以达到同时计算多个乘法运算的效果。但是受到放大器带宽的影响，其最多携带的电容阵列数量与放大器的电流相关，即电流越大，带宽越宽，可携带的电容阵列就越多。在我们的设计中，一个积分器与 3 个可变电容相连，可同时计算 3×3 卷积的一行。当一个卷积周期开始时，rst 先置高电平，让积分电容复位，然后进入多个乘加周期。在一个乘加周期中，S_1 和 S_2 先置高电平，将输入信号值采样到可变电容阵列，电容阵列将存储与 $\mathrm{Wb} \times V_{in}$ 呈比例的电荷。然后 S_1 和 S_2 置低电平，S_3 和 S_4 置高电平，存储在可变电容阵列中的电荷将在 D 和 E 节点求和并转移到积分电容 C_p 和 C_n，与之前的运算结果进行相加，V_{on} 和 V_{op} 将输出当前的运算结果。当一个卷积周期结束时，将结果采样，输出到下一个运算单元继续进行运算。MAU 单元的仿真结果如图 4.22 所示。在 20 MHz 的采样速率下，其线性度为 98.4%。带内积分噪声电压的均方根值为 420 μV。

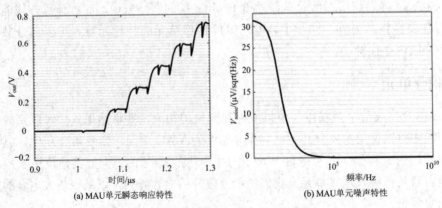

(a) MAU 单元瞬态响应特性　　　　　(b) MAU 单元噪声特性

图 4.22　MAU 积分曲线及噪声曲线

4.3.5 ReLU 和池化单元

ReLU 函数是目前应用最多的非线性激活函数之一，可以选取 ReLU 函数作为非线性函数单元。由于神经元采用差分形式进行存储和运算，因此对于 ReLU 计算单元来说，需要实现两个函数，即 ReLUMax 和 ReLUMin。ReLUMax 电路单元原理图及输入 - 输出响应曲线如图 4.23 所示，用于选取 $\max(V_{inp}, V_{ref})$。其实现基于电流模 WTA 电路。M1～M2 管用于将电压转换为电流，M3 管为输出管，进行电流 - 电压反变换。M4～M15 管构成电流模 WTA 电路，通过竞争节点 A 的电平，使得 M5 管和 M7 管中只有一个导通，另外一个截止。例如，当 $V_{inp} > V_{ref}$ 时，节点 A 的电平将被拉低到与 M12 管栅极相同的电平，使得流过 M13 管的电流变大，进而使 M7 管栅极的电平变高，使其进入截止区，此时输出电流等于最大支路电流，即 M1 支路的电流。为了提高 ReLU 单元的线性度，可添加 M8～M11 管，构成的共源共栅结构作为负载。

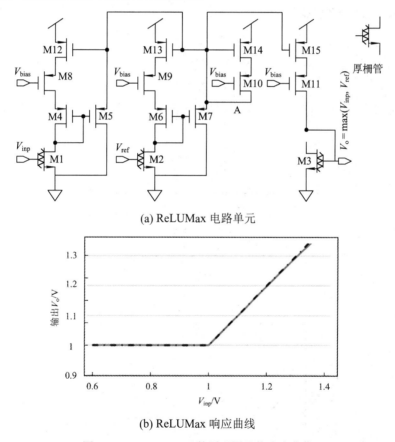

(a) ReLUMax 电路单元

(b) ReLUMax 响应曲线

图 4.23 ReLU Max 函数原理图及其响应曲线

ReLUMin 单元为其对偶结构，用于选取 $\min(V_{inn}, V_{ref})$，在此不再赘述其结构。在工作范围内，ReLU 单元的线性度为 99.4%，带内积分噪声为 539 μV。池化单元的原理与 ReLU 单元的原理一样，将 M1、M4、M5、M8、M12 管构成的结构重复四次即可得到 2×2 池化单元。

对于输出级来说，需要知道最大值所在的位置以判断分类结果。以图 4.23 所示的电路为例，当 $V_{inp} > V_{ref}$ 时，M5 管导通，M7 管截止，因此判断 M5、M7 管栅极电压与 $V_A - V_{th}$ 的大小关系即可得到最大值所在位置的独热码。此种方案需要的 WTA 和比较器单元的数量随着需要比较的节点的数量增长呈线性关系，而非平方关系，因此当输出节点较多时，能够显著减少运算单元的消耗。

4.3.6 模拟存储单元

针对模拟存储单元，我们可以使用自偏置高线性度模拟缓冲器作为模拟存储单元，其原理图与误差特性如图 4.24 所示。在准备阶段，S_1 为高电平，S_2 导通，将 TNM2 的工作点电压保存在电容 C，以消除工艺偏差的影响，并且能避免输出信号的阈值损失。采样阶段，S_1 为低电平，S_2 断开，S_{in} 导通，输入信号被采样并保存在 C_{in} 中。在工作范围内，此模拟存储单元的线性度为 99.6%。

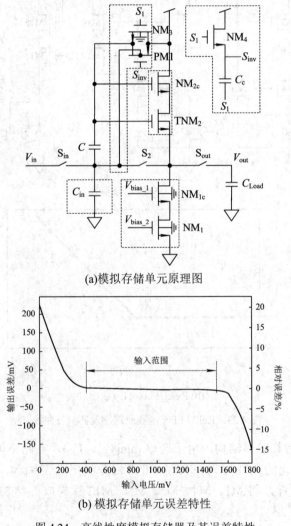

(a)模拟存储单元原理图

(b) 模拟存储单元误差特性

图 4.24 高线性度模拟存储器及其误差特性

4.4　运算精度与电路架构能效分析

　　针对上述 CNN 计算架构中的不同种电路单元，需要进行实体仿真来分析运算精度。我们配置了 CNN 计算架构的最小系统 CNN-3，在手写数字图片数据集 (Modified National Institute of Standards and Technology database，MNIST) 下对全并行架构的精度进行了分析。所用网络的结构为一层卷积层 (卷积核为 5 × 5)，一层均值池化层 (计算核为 2 × 2)，一层全连接层 (输出 10 个节点)。输入图片的大小为 28 × 28，激活函数使用 Sigmoid 单元。

　　使用 Hspice 仿真器和 SMIC 180 nm CMOS 工艺，从电路级别对 CNN-3 的运算精度进行仿真分析。结果表明，与全精度 CPU 运算结果相比，全并行的 CNN-3 网络在卷积层输出的误差均方根值为 2.6%，网络的分类精度降低了 0.73%。通过蒙特卡洛仿真，分析 CNN-3 的分类准确率受工艺偏差和失配的影响情况，如图 4.25 所示。由于网络结构简单，同时在全并行的情况下，各个运算节点的误差相互叠加，因此虽然各节点输出电压的波动较大，但是其相对大小的变化不大。由工艺偏差和失配造成的分类准确率下降率为 0.31%。

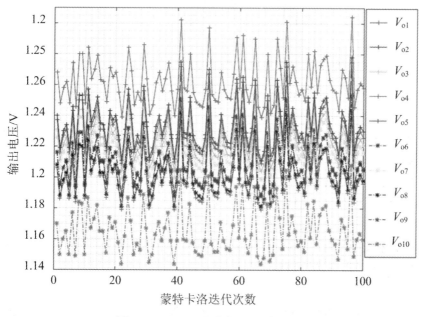

CNN-3 的蒙特卡洛仿真结果

图 4.25　CNN-3 的蒙特卡洛仿真结果

4.4.1　单元运算精度和能效分析

　　对于单元复用架构，可以采用提取电路的误差参数，构建高阶模型，带入 CNN 运算通路的方法，对其运算精度进行分析。使用 8 bit 线性量化所用网络的权重，并在运算节点添加与运算电路相对应的非线性参数和噪声参数，观察其分类准确率随着噪声水平的变化情况，如图 4.26 所示。可以发现，对于所测试的网络来说，在 8 bit 等效精度下，分类精度下降很小。运算电路的最小信噪比 (SNR) 为 2.6 dB，在此指标下，所测试网络的分类准确率损失在 0.2%～0.7% 之间。

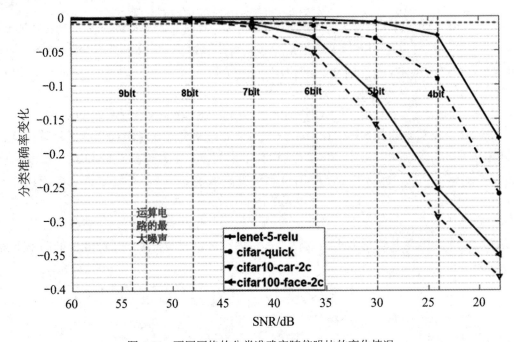

图 4.26　不同网络的分类准确率随信噪比的变化情况

对于全并行的计算方式，在 SMIC 180 nm CMOS 工艺下，使用全并行架构实现的 CNN-3 系统的最大分类速度为 10M 张图片每秒，功耗为 14.7 μW，计算能效高达 22 TOPS/W。相比于 65 nm 工艺节点的数字系统来说，CNN-3 系统有将近 4 倍的能效提升，说明了模拟域在低精度运算领域的巨大能效潜力。

对于单元复用架构，在供电电压为 2 V、工作速度为 20 MHz 的情况下，单个 APE 的平均功耗为 1.56 mW，其中每个 MAU 的功耗为 88 μW，携带了 3 个可变电容阵列，可同时计算 3 个乘加操作。每个 ReLU 单元的功耗约为 160 μW。整体的计算能效为 0.41 TOPS/W。考虑到 ReLU 单元和 Pooling 单元并不是一直都在参与计算，因此可以在计算卷积时将这些单元的供电切断，以降低静态功耗。采用这种策略之后的计算能效为 1.36 TOPS/W。

CNN 计算架构的另一个优势在于能够直接利用传感器的模拟输出，在数据转换前进行运算，减少 ADC 的代价。当前级处理任务比较简单时，本工作所提方法能够节省大量的系统能耗。图 4.27 展示了不同处理复杂度情况下，基于单元复用架构的传感计算系统的能效提升情况。可以发现，任务复杂度越低，所提方法的能效优势越明显。当任务复杂度小于 290 OP/pixel(运算量 / 像素) 时，即使是相对于先进工艺节点下的数字信号域计算系统，本工作依然能够有超过 2 倍的能效提升。

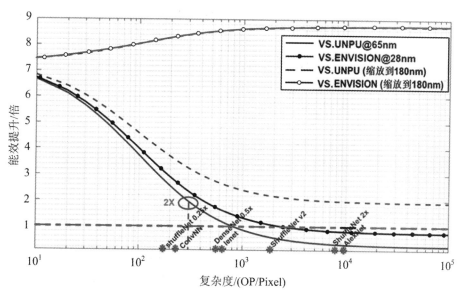

图 4.27　传感器 + 近传感器识别系统 (基于单元复用架构) 的能效提升情况

4.4.2　近传感端单级唤醒系统能效分析

在移动场景 (如手机、机器人等应用场景) 下，由于智能视觉感知系统本身在移动，因此无法使用帧差进行运动目标的检测。在此场景下，可在近传感器端搭建单级唤醒系统，通过直接在图像传感器后进行模拟域的物体识别，在模拟域滤除不感兴趣的目标，节省系统的模数转换和接口代价。

以人脸识别任务为例，将前级的人脸检测任务放到近传感器端进行，在模拟域部署二分类网络，用于识别场景中是否存在人脸图片。将 cifar-100 数据集中的图片分为"人脸"和"室外建筑"两个大类 (如图 4.28 所示)，模拟人脸检测任务。cifar-100 数据集中的图片的大小为 $32 \times 32 \times 3$。我们可以构建表 4.2 所示的 CN 网络，该网络用于区分"人脸"和"室外建筑"。在全精度的情况下，此网络在此任务下的分类准确率为 93.3%。当使用本章所

图 4.28　cifar-100 数据集中的图片

介绍的运算单元可复用的模拟域 CNN 识别系统时，其分类准确率为 93.0%，部署此网络所需的能耗约为 0.48 μJ/ 帧。加上传感器像素阵列以及控制部分的能耗，拍摄一张图片并判断是否为人脸的能耗约为 0.69 μJ/ 帧。

表 4.2　所用分类网络的结构

层类型	输入大小	计算核大小	输出大小	运算量
conv1	$3 \times 32 \times 32$	3×3	$5 \times 32 \times 32$	276.5 KOP
pool1	$5 \times 32 \times 32$	2×2	$5 \times 16 \times 16$	5.1 KOP
relu1	$5 \times 16 \times 16$	1×1	$5 \times 16 \times 16$	1.28 KOP
conv2	$5 \times 16 \times 16$	3×3	$10 \times 16 \times 16$	230.4 KOP
pool2	$10 \times 16 \times 16$	2×2	$10 \times 8 \times 8$	2.6 KOP
relu2	$10 \times 8 \times 8$	1×1	$10 \times 8 \times 8$	0.6 KOP
conv3	$10 \times 8 \times 8$	3×3	$10 \times 8 \times 8$	5.8 KOP
pool3	$10 \times 8 \times 8$	2×2	$10 \times 4 \times 4$	0.6 KOP
relu3	$10 \times 4 \times 4$	1×1	$10 \times 4 \times 4$	0.2 KOP
ip1	$10 \times 4 \times 4$	—	32	5.1 KOP
ip2	32	—	2	0.06 KOP
total	—	—	—	653.2 KOP

图 4.29 展示了应用此模拟域神经网络分类系统滤除非人脸图像后，层次化近传感智能感知电路系统的能量消耗以及相对于传统系统的能效提升随人脸出现概率的变化情况。可以发现，这种近传感器端层次化信号处理架构非常适合目标出现概率低的应用场景。与传统 CIS 传感器相比，当人脸出现概率低于 62% 时，减少的像素数据转换能耗大于所部署的模拟域分类系统的能耗，能够减少传感器部分的能量消耗。当目标出现概率低于 1% 时，相比于传统传感器模块，层次化近传感智能感知电路系统能够达到 2.6 倍的能效提升。

如果智能视觉感知系统位于固定平台，就可以在物体识别前加一级运动目标检测系统，在近传感器端搭建两级唤醒系统。由于近传感器端的运动检测系统能效更高，因此可以进一步节省系统的能耗。

同样可以使用 cifar-10 数据集中的图片来模拟一种野外交通监控的场景。在此应用场景下，抽取 cifar-10 数据集中的鹿、马、汽车、卡车四种图片，每张图片的大小为 $32 \times 32 \times 3$。将其分为两类，一类为野生动物 (如鹿、马)，另一类为交通工具 (如汽车、卡车)。假设只对场景中的交通工具感兴趣，只需要对场景中交通工具的状态进行监控分析。

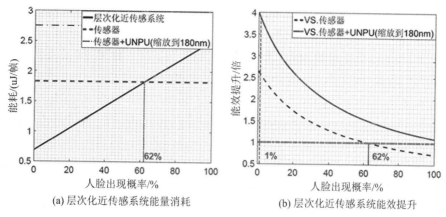

图 4.29   人脸检测任务中的能量消耗及能效提升

在近传感器端两级唤醒系统中，第一级通过运动检测算法滤除静态环境图片，第二级使用卷积神经网络进行简单的物体识别，将非交通工具的图片滤除，之后只将含有交通工具的图片转换到数字域，进行更复杂的交通工具属性分析。

(1) 运动目标检测。在此阶段，可以使用近传感器端帧差检测系统滤除静态环境图片。此过程可直接使用灰度图片进行处理，所需的能耗仅为 0.13 μJ/ 帧。

(2) 感兴趣目标识别。在此阶段，使用如表 4.2 所示的卷积神经网络，用于区分场景中是否存在交通工具。其运算量为 653.2 KOP，全精度运算时分类准确率为 95.7%。当使用可复用的模拟域 CNN 识别系统时，所需的能耗约为 0.48 μJ/ 帧，分类准确率为 95.2%。

▶▶ ◉ 课程思政 ·····

1. 结合"十四五"信息光子与微纳电子技术研究计划，谈谈智能传感器技术对于国家战略发展的意义。

2. 数据膨胀和滥用的问题日趋严重，谈谈近传感技术对于数据安全和合理使用的意义。

▶▶ ◉ 拓展思考 ·····

1. 什么是近传感器计算，它与传统的云计算有何不同？
2. 近传感器计算有哪些潜在的好处？
3. 在物联网的背景下，如何使用近传感器计算？
4. 近传感器计算面临的主要挑战是什么？
5. 近传感器计算应用有哪些例子？

▶▶ ◉ 本章参考文献 ·····

[1]   BONG K, MEMBER S, CHOI S.A low-power convolutional neural network face recognition

processor and a CIS integrated with always-on face detector[J]. IEEE Journal of Solid-StateCircuits, 2018, 53(1):115-123.

[2] BONG K, HONG I, KIM G, et al.A 0.5 degrees error 10 mW CMOS image sensor-based gaze estimation processor[J].IEEE Journal of Solid-State Circuits, 2016, 51(4):1032-1040.

[3] CHOI J, PARK S, CHO J, et al. An energy/illumination-adaptive CMOS image sensor with reconfigurable modes of operations[J].IEEE Journal of Solid-StateCircuits, 2015, 50(6):1438-1450.

[4] CHOI J,SHIN J,KANG D,et al.Always-on CMOS image sensor for mobile and wearable devices[J].IEEE Journal of Solid-StateCircuits, 2016, 51(1):130-140.

[5] SIMONYANK,ZISSERMANA.Very deep convolutional networks for large-scale image recognition[J].arXiv preprint arXiv:1409.1556,2014.

第 5 章　基于感算共融技术的智能感知电路系统

物联网时代，智能视觉感知任务由云端向终端下沉，持续采集图像信息并在本地完成目标检测、分类识别等高层次处理，此类系统广泛部署在安防监控、穿戴式设备等场景中。随着对算法处理能力和工作时长的需求逐渐增长，传统的数字图像处理系统功耗高和终端设备中能量受限的矛盾日益突出。鉴于上述问题，通过感算共融技术将图像传感器与智能计算电路融合集成，达到显著降低数据转换等功耗开销的效果，可以有效缓解上述矛盾。本章将从电路、架构和系统集成等设计层面对面向持续智能视觉感知的高能效感算共融进行详细介绍。

5.1　感算共融的基本介绍

随着人工智能和物联网技术的发展，同时具备传感和处理能力的终端设备被广泛应用到生活及工业中的诸多方面，它们通过与人或环境的交互产生大量数据，并对这些数据进行一定程度的本地化处理，或通过通信链路将数据发送到云端，进行反馈或决策。视觉感知是人类感知世界的基础通道，是获取信息、表达信息和传递信息的重要手段。因此，基于视觉信息处理的终端设备一直占据相当大的比例。CMOS 图像传感器 (CMOS Image Sensor，CIS) 是视觉信息处理系统必不可少的组成部分，科技顾问公司 Sigmaintell 指出全球图像传感器销售额在 2022 年达到 240 亿美元，并且预测未来几年仍保持乐观的上升趋势，如图 5.1 所示。

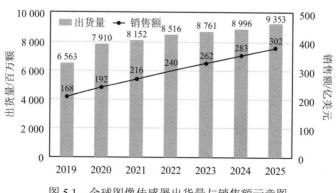

图 5.1　全球图像传感器出货量与销售额示意图

以 CNN 为代表的人工智能算法提升了高层次图像处理的能力。以 ImageNet 图像数据集的分类任务为例，Top-5 测试错误率由 2012 年的 15.3% 下降到 2017 年的 2.25%，这一人工智能算法的预测结果早已超越传统机器学习算法，甚至比人类在此数据集下的视觉分辨能力更加优秀。算法性能的提升拓展了视觉处理系统的应用场景，具备目标检测、物体分类和语义分割等功能的设备被广泛地应用到智能监控、智慧交通和服务机器人等场景中，改善了用户与物理世界进行信息交互的体验感，并通过解放人力、进行自主决策提升了社会资源调度效率。传统视觉终端 (包括相机和摄像头等) 主要完成图像采集、处理、存储及传输等任务，其中本地化处理集中在图像校正、压缩或视频编码等低层次处理。为了降低通信链路负载，减少系统延时以进行实时决策，人工智能算法逐渐下沉到终端设备内部进行本地处理，这对传统设备的计算能力提出了更高的要求。除此之外，为了应对各种不可预知的突发任务，多数智能视觉终端需要维持在常开状态以保证关键信息不被遗漏。集成电路和人工智能算法的持续发展为上述需求提供了软硬件基础，如何在智能终端进行系统、芯片和算法的协同设计和优化，以实现小型化、高精度和长时间的持续智能视觉感知已成为该领域亟待解决的问题。

持续智能视觉感知系统是指以目标检测和识别等高层次算法为主要任务的视觉处理系统，需要保持常开在线的工作状态，从而对关键事件及目标作出及时响应。持续智能视觉感知系统的应用场景主要有以下几种。

(1) 安防监控是持续智能视觉感知系统的典型应用场景。图像传感器采集的图像在本地或云端进行运动检测或分类识别，在大量信息中筛选关键目标并作出抓拍、报警等决策。例如，海康威视为人脸识别和交通管理系统分别设计了人脸抓拍和车辆抓拍智能摄像机，该智能摄像机可用于关键卡口的人员车辆监控。乐橙推出的智能门锁嵌入了 CMOS 图像传感器，该智能门锁提供人体逗留检测功能，可以实时推送报警信息并将现场视频上传到用户手机。宇视科技的 EZStation 系列相机及相关视频管理软件可以检测监控区域内的运动信息并弹窗告警。基于智能视觉感知的安防监控系统可以在解放人力的同时提高系统的准确率和管理效率。

(2) 智能机器人中，智能视觉感知系统负责提取环境关键信息，并将提取到的信息交予中枢控制系统以调配其他机械部件完成作业。分拣机器人通过对物品形状和颜色等视觉特征的分析完成物品的分类识别任务，进一步控制机械臂执行抓取和放置等操作。基于机器视觉的扫地机器人通过图像传感器获取图像，并实时进行路径规则、障碍躲避。大疆公司 RoboMaster S1 机器人搭载的第一人称主视角 (First Person View，FPV) 摄像头与机器视觉技术结合，可以识别字母标签、行人和同型号的其他机器人，并控制机械部件进行目标跟随。

(3) 在娱乐设施方面，智能视觉处理系统常作为人机交互手段向设备传递控制信息。谷歌、华为、OPPO、Lumus 等公司均发布了智能眼镜产品，结合搭载的图像传感器可以通过分辨特定手势进行拍照等简单控制。Meta 推出的虚拟现实 (Virtual Reality，VR) 眼镜 Oculus Quest2 配合四周的定位摄像头追踪手势，检测手指捏合动作以实现单击、显示或隐藏菜单等功能。微软 Azure Kinect 是一款由 Xbox 360 游戏机配件发展而来的独立硬件，配合软件开发套件可以快速实现实例分割、关键点估计以及多骨骼身体跟踪等功能。

(4) 在自动驾驶领域中，智能视觉感知系统通过车辆周身摄像头持续采集图像，并经过车载计算平台实时处理，对自身周边环境进行精确分析，通过目标检测、图像分类和分割等智能视觉算法完成车辆行人和非机动车识别、交通标志和红绿灯识别、道路区域和车道线检测、目标测距测速等功能。

除了消费电子及工业领域的产品研发，推进智能视觉感知系统在终端设备的部署也成为各国政府的发展共识。"十四五规划"和 2035 年远景目标纲要强调，要进行新一代人工智能领域的前沿基础理论突破和专用芯片研发，其中图像图形领域为前沿领域的攻关重点。工业和信息化部在《智能传感器产业三年行动指南 (2017—2019 年)》中提到要面向消费电子、汽车电子、工业控制、健康医疗等重点行业领域，开展智能传感器应用示范。除此之外，美国国防部高级研究计划局 (Defense Advanced Research Projects Agency，DARPA) 在第四届"电子复兴计划"峰会上聚焦了多个关键技术进展，其中之一即是加快人工智能硬件的创新，以便在边缘端作出更快决策。

5.1.1　感算共融与持续智能视觉感知系统

传统数字图像处理系统如图 5.2 所示，CIS 中的光电二极管接收入射光，并产生与光强正相关的光电流，经过光电流到电压的转换、模拟信号到数字信号的转换、色彩插补校正、高动态范围成像 (High Dynamic Range Imaging，HDR) 及图像压缩等一系列处理，把原始图像数据输出到片外。数字处理器包括中央处理器 (Central Processing Unit，CPU)、微控制器 (Microcontroller Unit，MCU)、现场可编程门阵列 (Field Programmable Gate Array，FPGA)、数字信号处理器 (Digital Signal Processor，DSP)、专用集成电路 (Application Specific Integrated Circuit，ASIC) 等，用于完成各类图像算法处理任务。以神经网络算法及神经网络处理器为例，处理器内包含存储模块和计算阵列，计算阵列用于读取神经网络上一层的激活值输出以及本层的权重，完成本层计算，并将计算结果写回到激活值缓存中。此系统的优势在于具有较强的通用性和可扩展性，适用于终端本地处理和云端协同处理的视觉处理系统。除此之外，CIS 和处理器可以单独进行性能优化，即 CIS 着重提升图像质量，处理器着重提升计算能力，并且二者可以采用不同制造工艺以追求最优性能。

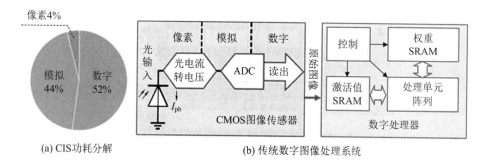

(a) CIS功耗分解　　　　　　　　(b) 传统数字图像处理系统

图 5.2　CIS 功耗分解及传统数字图像处理系统

然而传统图像处理系统难以满足持续智能视觉感知对于低功耗的要求，主要原因在于此信号处理架构中存在诸多功耗瓶颈。在图像传感器端，承载图像信息的光电流需经过一系列复杂处理生成原始图像，再经由高代价的片外传输送到数字处理器内，CIS 内仅有 4%的能量用于像素单元，绝大部分能量消耗在原始图像的模拟域处理、模数转换和数据接口上，如图 5.2 所示。在数字处理器端，大部分能量消耗在数据访问操作上，在 45 nm 工艺节点下，片上 SRAM 单次访问能耗比计算高 1～2 个数量级，片上存储的存取功耗占比达到了 65%。

感算共融芯片设计的目标是降低原始图像数据的处理、传输和访存代价。感算共融芯片即在单芯片内同时集成传感器阵列与处理电路，以此节省片外传输能耗；同时由于摆脱了芯片接口数量的限制，片内可以实现极高的传输带宽。由于传感和计算之间的距离足够近，噪声和串扰等非理想因素的影响降低，进行混合信号域计算成为可能，即传感器阵列输出的模拟像素值不经过模数转换器，而是直接送到模拟处理电路中进行计算，并对其结果进行数字化处理。如图 5.3 所示，由于算法处理过后信息量减少，这个阶段进行的

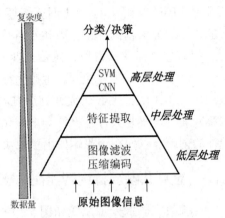

图 5.3　图像信息处理模型

模数转换对 ADC 的速度性能要求随之降低，可以节省大量的能耗。除此之外，在一些特征提取等图像复用率低的简单算法中，传感器输出的原始图像可以不经过中间缓存而直接被送到处理电路中参与计算，从而节省大量面积、功耗开销，有效降低时延。

在架构层面，感算共融芯片的设计可以分为两大类。一类是图 5.4(b) 所示的近传感计算的感算共融架构，即传感器阵列与处理器电路分离，保留原始像素单元电路设计，主要进行处理器和二者接口电路的创新。这种方案的优势在于焦平面填充因子高，图像质量较好，处理器设计较为灵活，通用性较高。另一类是图 5.4(c) 所示的传感内计算的感算共融架构，即重新设计像素单元并嵌入一部分计算电路，从而在图像生成的位置直接进行处理。这种方案的优势在于极大程度地降低了数据传输代价，摆脱了分立模块间的带宽限制，能够在全局曝光下实现超高的计算并行度。

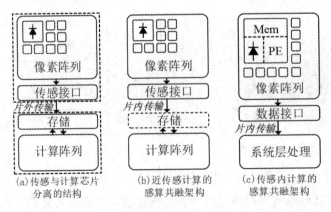

图 5.4　传感 - 计算处理架构分类

在算法和系统层面，与传统 CIS 内图像信号处理器 (Image Signal Processor，ISP) 不同的是，基于感算共融芯片的系统主要完成中高层次语义信息处理任务，如特征提取、人脸检测、运动检测、光流估计、目标追踪或通用图像处理。神经网络算法由于性能优异在图像处理领域的重要性日益提升，因此以神经网络为目标算法的感算共融芯片设计逐渐增多。对特定算法的支持允许系统内处理器进行专用的架构和电路设计，从而实现更高的计算能效。然而大部分超低功耗的感算共融芯片进行模拟域计算时，在模拟存储和电路非理想因素限制下难以进行高精度计算。除此之外，感算共融芯片内的计算模块通常仅接受传感阵列数据作为输入，难以独立完成多层复杂算法处理。因此，感算共融芯片通常可以实现简单的算法任务，该算法可以用于后级高精度处理器的唤醒模块。

持续智能视觉感知系统有以下几个特点：

(1) 能量供给受限。大量视觉感知系统搭载在以电池为主要供电手段的可移动终端设备上，系统总能量有限，在复杂计算和控制任务下难以维持长时间的持续感知任务。例如，华为 Eyewear 智能眼镜的电池容量约为 2 200 mA·h，仅能支持通话和音乐播放 3 h；Meta 公司的 VR 眼镜 Oculus Quest2 的电池容量约为 3 640 mA·h，在同时完成传感器图像采集、数据处理和屏幕显示等任务的情况下，仅能续航 2 h 左右。

(2) 工作时间长。根据不同场景的任务需求，智能视觉感知设备的持续工作时间由几小时到几年不等。例如，以娱乐为目的的 VR 眼镜工作时间长达数小时，安防场景的常开监测需要维持数月，而野外探测相机要在无人维护的状态下持续进行数年的关键目标识别。超长的工作时间与有限的电池能量是持续智能视觉感知设备最为突出的矛盾。

(3) 实时性和准确率要求高。感知系统的响应速度和算法准确率会影响人机交互体验、监控系统告警速度和自动驾驶安全等。由于云端通信链路的不稳定性和不安全性，以低延时为目标的系统需要执行高速的本地数据处理。高准确率的神经网络算法有计算密集和存储访问密集的特点，在计算资源有限的终端设备进行处理将消耗较长时间，难以满足视觉感知终端对实时性的需求。

(4) 有效输入率低。多数应用场景中，视觉系统绝大部分时间内采集到的信息是无效输入。例如，智能门锁被人脸触发的次数非常有限，人机交互设备收到手势控制信息间隔通常较长。持续提取无价值信息将造成能量的严重浪费，因此在低功耗状态下对少量关键信息进行快速准确的响应极为重要。

针对上述持续智能视觉感知系统的特点，持续智能视觉感知系统的设计应当以实现如下特点为目标。

(1) 低功耗和高能效。在有限的能量供给下可维持长时间持续感知。

(2) 本地实时处理。避免数据经不可靠通信链路上传云端，降低系统处理突发关键信息的延时。

(3) 计算能力强。满足高精度视觉感知算法对于准确率和速度方面的要求。

显然，感算共融的相关技术可以有效地解决智能视觉的相关问题。

5.1.2　感算共融技术在智能感知系统中的优势和挑战

传统的基于云计算方式的智能视觉处理流程如图 5.5(a) 所示，终端设备通常由图像传感器和终端处理器组成，目标图像的光信息被图像传感器采集并转换为电信号，并经由终端处理器简单处理后，发送到云计算平台进行复杂计算。然而通信链路上的数据传输会带来较长时延和隐私泄露风险，且终端设备有限的电池容量限制了工作时长。若将复杂计算任务从云端迁移回终端，直接在本地运行神经网络等高层次图像处理算法，则可以降低延时并保障数据安全，如图 5.5(b) 所示。然而计算复杂度的提升加重了算力需求和功耗负担，给能量供给有限的终端设备带来更大的工作时长压力，因此通过提升计算能效来降低终端处理系统功耗成了此类系统设计的重要目标。

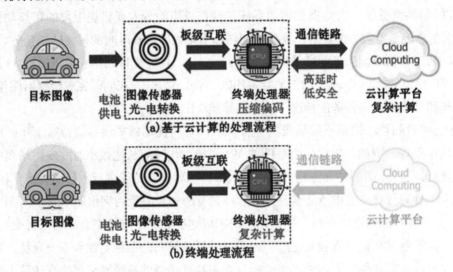

图 5.5　传统视觉信息处理框架

感算共融芯片通过将图像传感器与计算处理电路进行单片集成，能够显著缓解接口转换功耗及实时性等性能瓶颈的问题。感算共融芯片的设计方法可追溯到 1992 年 Forchheimer 提出的近传感图像处理 (Near-Sensor Image Processing) 范式，此工作通过将比较器、处理单元和存储电路搬移到传感单元附近来降低数据通信的代价。后期同类工作在此方案的基础上不断改进，并面向边缘提取、运动检测、光流估计和人脸检测等算法进行专用集成电路的设计。根据计算与传感融合深度的不同，感算共融芯片的设计架构可分为两种：一是近传感计算架构，片上传感器阵列与计算阵列保持分离，只是原始图像从片外传输变成了代价更低、带宽更高的片上传输；二是传感内计算架构，把感光器件、计算和存储单元结合在一起作为全新的功能单元，并组织成阵列形式作为支持感算融合的焦平面，使得图像数据可以在产生的第一时间得到处理。感算共融芯片主要有以下几点优势：

(1) 消除芯片间数据传输功耗。PCB 连线电容负载通常比片内连线高 2～3 个量级，在高速高频电路中还会表现出电感效应，不合理的失配结构将引起反射、谐振等现象。感算共融芯片的所有数据传输在片内进行，可以节省板级电容负载的能耗，同时避免高速电路接口模块的设计代价。

(2) 数据传输带宽大且实时性强。芯片接口数量限制了传感与计算芯片分离结构中数据通信带宽，进而导致处理延时增大。感算共融芯片摆脱接口数量限制，可以以极高的速度和并行度将传感数据输入计算电路中，尤其是在传感内计算架构中，由于原始图像数据以二维阵列形式从物理空间投射到焦平面上，可以在全局曝光模式下进行全并行的实时计算。

(3) 电路 - 架构 - 算法联合优化。感算分离架构中传感芯片和计算芯片大多面向通用场景进行设计，在资源配置以及接口协议方面难以完美适配目标算法，在系统应用层面偏离最优系统设计点。感算共融芯片可以根据具体算法需求进行专用设计，如像素阵列分辨率选取、基本运算电路单元结构和架构支持的算法精度等，进而实现从图像获取到算法处理的端到端系统级优化。

虽然感算共融芯片在多种算法应用中表现出了优异性能，但在人工智能发展的新时期，将感算共融芯片设计与高性能神经网络算法进行结合还面临诸多挑战和困难，主要有以下几点：

(1) 数据转换成为主要功耗瓶颈。图像传感器通过光电二极管将光能转换为光电流，并通过一系列模拟域处理电路和模数转换器 (Analog-to-Digital Converter，ADC) 得到数字图像值输出。然而在整个过程中，光电转换能耗只占非常小的比重，绝大部分能量消耗在后续的处理和转换中。这些操作在注重图像质量和可编程性的系统中必不可少，但在以超低功耗为目标的持续智能视觉感知系统中却成为极重的功耗负担。因此，为了达到极致的低功耗性能，需要将系统内部原始数据处理和转换的代价降到最低。

(2) 电路非理想因素对混合信号域计算精度的影响。为降低数据转换的功耗，计算过程经常需要在模拟域或混合信号域完成。然而，由于集成电路制造工艺偏差，芯片实际参数与前端设计难以保持一致，具体表现为全局偏差和局部失配，晶体管尺寸、阈值电压以及电容电阻等无源器件都会受到影响，最终导致计算精度降低。除此之外，电路中的各类噪声也会叠加在电压或电流上，影响最终的计算结果。因此，混合信号域处理电路需要对电路非理想因素的影响进行分析，并探索精度恢复的方法。

(3) 数据调度和算法映射困难。在近传感计算架构中，图像传感器以二维阵列形式接收光信号，却仅能以一维并行形式输出原始图像，为实现复用，通常需要缓存操作，这带来了额外的数据调度代价。在传感内计算架构中，受光电二极管阵列的固定物理排布限制，算法难以在焦平面上进行映射；除此之外，二维阵列中不相邻单元难以通过导线互连，因此数据如何共享和互联也是此类架构面临的数据调度挑战。

(4) 感算共融芯片难以独立完成复杂算法部署。神经网络算法由多层组成，需要对计算和存储资源进行高度复用，而感算共融芯片内的计算模块通常仅能接受传感阵列数据作为输入，因此难以独立完成多层算法处理。如何以感算共融芯片为核心，面向复杂算法完成片上系统设计是感算共融芯片实际应用中面临的挑战。

5.1.3　数字集成系统功耗解析与感算深度融合

传统数字图像处理系统由 CIS 和数字 CNN 处理器组成。在 CIS 内部，像素处理和 ADC 占据了主要的功耗部分，而像素单元处的光信息采集能耗只占 4%。数字处理器端的计算部分可以通过专用设计实现较高能效，目前架构中的功耗主要来源于大量的片上数据存储访问。除此之外，高带宽原始图像在片外的传输也给接口带来了速度和功耗负担。然而对于整个系统来说，只有两部分是必不可少的。一部分是像素单元处的光信号采集，完成了必要的物理层光电转换，同时也是系统中功耗最低的；另一部分是计算阵列，实现了原始图像信息到高层次语义信息的转换。其余的数据传输、转换和存储均属于系统内部信号处理，在以极低功耗为目标的常开视觉处理中，需要最大程度地降低这部分功耗。

尽管可以将计算单元搬至传感单元附近，但传感与计算的结合仍不够紧密，像素单元中仍然需要先将光电流转换为电压，再将电压值输出到像素单元外做计算，为此在电路层面存在一定的直流偏置功耗。2020 年自然期刊 (Nature) 上有学者提出了一种基于二硒化钨 (WSe_2) 材料的器件，这种器件的特点是在外界给予不同偏置电压时可以表现出不同的光响应强度，因此这种器件自身就可以完成对输入光强和偏置电压的计算操作；此工作利用一个 3×3 的小阵列实现了简单的字母识别算法来验证其功能。此工作把感光器件也用作计算器件，真正把传感和计算融合在一起。然而，这种器件的不足之处在于工艺不够稳定，故限制了其大规模生产和使用，且所需要的外部偏置连线在阵列扩展时将占据较大面积，从电路角度上来说不易大规模实现。

5.2　基于直接光电流计算方法的感算共融

为实现数据复用以及保证计算精度，传统数字图像处理系统引入了大量的数据转换、存储及传输操作，这些操作成为系统功耗的主要瓶颈。然而在神经网络等具有一定容错特性的算法和应用中，完全精确的计算并不是必要的，这为简化系统及降低功耗留出了空间。本节首先介绍基于直接光电流计算方法的 Senputing-MLP 芯片，通过重新设计感光器件的输出通路，实现了传感与计算的深度融合。接下来，对芯片中的核心计算电路进行建模，并分析模拟电路中的非理想因素对计算精度的影响。同时，本节还展示了 Senputing-MLP 芯片的测试结果，并搭建了完整的算法功能验证平台，结果表明当使用一个两层单比特 MLP 算法对 MNIST 手写数字进行分类时，此芯片可以达到较高的准确率和 17.3 TOPS/W 的感算能效。

5.2.1　光电流感算共融电路设计

为实现传感与计算的深度融合，本小节将介绍新型直接光电流计算方法，基于该计算方法的感算共融芯片 Senputing-MLP 的架构如图 5.6 所示。芯片核心是一个 32×32 的直接光电流计算单元 (Direct Photocurrent Computing Element，DPCE) 阵列，该 DPCE 阵列作为焦平面在计算模式下完成感光和二值多层感知机 (Multilayer Perceptron，MLP) 的第一层计算，在传感器成像模式下产生的原始图像通过传感接口输出。比较器对第一层的计算结果进行二值化的非线性激活。SRAM 接口用于将权重数据写入 DPCE 阵列中。补偿电容阵列 (Compensation Capacitor Array Positive/Negative，CCAP/CCAN) 在计算过程中作电容负载。芯片中共有 4 条供电轨，其中 V_{PD} 给比较器和光电二极管 PD 充电，V_{SRAM} 给 DPCE 阵列中所有的 SRAM 模块供电，V_{DDA} 和 V_{DDD} 则分别用于外围模拟电路和数字控制模块。

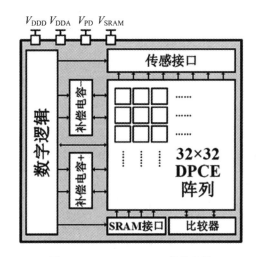

图 5.6　Senputing-MLP 芯片架构

图 5.7 展示了 DPCE 具体的电路结构及阵列连接方式。当控制信号 MODE = 0 时，开关 S1 处于断开状态，此时 Senputing-MLP 芯片在传感模式下工作，DPCE 的工作模式与标准 3T 像素的相同，阵列逐行曝光并将原始像素值通过传感接口输出到片外。当控制信号 MODE = 1 时，开关 S1 导通，此时 Senputing-MLP 芯片在计算模式下工作，用于二值化神经网络 (Binary Neural Network，BNN) 算法处理，计算流程如下。

首先，单元内的 SRAM 模块读出一个单比特权重，若权重为 +1，则 $Q = 1$，QB = 0，此时开关 S2 导通，而 S3 断开，这种情况下光电二极管连接到 V_+ 节点上；相反地，若权重为 −1，则 $Q = 0$，QB = 1，此时 S2 断开，而 S3 导通，光电二极管将连接到 V_- 节点上。如图 5.7 所示，所有 DPCE 的 V_+/V_- 计算节点都在阵列层面连接到一起，因此所有权重 +1 对应的光电二极管的光电流将在 V_+ 节点上汇聚成 I_+；相应地，权重 −1 对应的光电流将在 V_- 节点上汇聚成 I_-，即

$$I_+ = \sum_{w_i=+1} I_{ph,i}, \quad I_- = \sum_{w_i=-1} I_{ph,i} \tag{5.1}$$

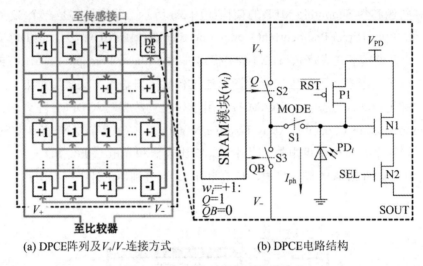

(a) DPCE阵列及V_+/V_-连接方式　　　　(b) DPCE电路结构

图 5.7　DPCE 电路及阵列连接方式

因为光电流正比于图像的像素值，所以 ΔV_+ 和 ΔV_- 分别正比于权重 +1 和 −1 对应的像素值的累加和；同时，若两节点的电容负载相等，即 $C_+ = C_-$，则两电压降的差正比于二值神经网络计算中的结果。

比较器的电路结构如图 5.8 所示，在焦平面曝光过程结束后，将电荷放空信号 EMP 首先置高电平，通过 N1 和 N2 释放掉 S_+ 和 S_- 上残留的电荷，然后将信号 SMP 置高电平，并打开两个开关，在 S_+ 和 S_- 节点上分别采样 V_+ 和 V_- 电压值。然后，通过将比较器使能信号 CMP 置高电平来激活比较器中的正反馈电路，把电压较高的一侧拉升到 V_{PD}，而电压较低的一侧被拉低到 GND。最终，S_- 代表乘累加和非线性变换的结果，即 $\mathrm{sign}(\Sigma w_i x_i)$，逻辑电平 "1" 和 "0" 分别代表计算结果为 "+1" 和 "−1"。

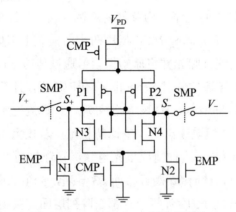

图 5.8　Senputing-MLP 比较器结构

不同于传统图像传感器，Senputing-MLP 芯片在计算模式下没有原始图像的生成和输出，光电二极管的光电流直接被用于 MAC 计算。这种设计把光电二极管必不可少的感光能量用于计算，完全省去了光电流 - 电压转换、像素级处理 (如相关双采样) 以及模拟 - 数字转换的功耗。除了完成光电流 - 电压转换和计算，光电二极管还承担了图像存储的任务，因为当外界光持续照射时，光电流大小正比于图像像素值大小，这也节省了模拟存储的面积和功耗开销。对于后级二值神经网络处理器来说，因为只有第一层的单比特激活值需要被缓存，所以存储负担被极大程度地降低；同时，算法中第一层复杂的多比特计算过程被省去。

每个 DPCE 内部都有一个 SRAM 模块，如图 5.9 所示，SRAM 的结构中包含一个 4×4 的 SRAM 单元阵列，其中第 i 个单元储存的是用于计算第 i 个激活值的权重。因此，Senputing-MLP 芯片最多支持 16 个单比特激活值的计算和输出。SRAM 单元采用了标准 8T 结构，不需要高性能的灵敏放大器也可以进行权重读取。在 DPCE 阵列中，每个 8T 结构的 SRAM 单元拥有一个独立的写地址 (WWL/WBL)，所有 SRAM 模块中位于同一个位置的单元共享一个读地址 (RWL/RCL)，因此用于一个激活值计算的 1024 个单比特权重可以通过单条指令并行读取出来。权重读取在计算阶段之前完成，列读取线 (RCL) 和预充电信号 (PRCS) 首先置高电平，把 DOUT 节点拉高到 V_{SRAM}。随后将 PRCS 置低电平，行读取线 (RWL) 置高电平，把权重读取出来。因为 8T 单元中没有上拉电路，如果读取数据是 1，那么 DOUT 会变成一个动态节点，从而容易受到漏电流的影响。为了保证读取数据一直正确，SRAM 模块中添加了形成反馈结构的晶体管 P2 和 P3。在整个曝光周期内，保持信号 HOLD 持续有效，保证读取结果 1 不会被漏电流破坏。

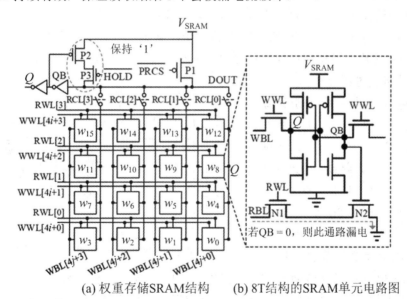

(a) 权重存储SRAM结构　　(b) 8T结构的SRAM单元电路图

图 5.9　权重存储 SRAM 结构及 8T 结构的 SRAM 单元电路图

图 5.10 展示了激活值 [2,1] 和激活值 [1,1] 的计算过程。每个激活值的计算分为读取阶段和计算阶段。在激活值 [1,1] 的计算过程中，读出的权重 DOUT = 1，由于漏电流的存在，电平值会缓慢下降，此时需要将 HOLD 信号置高电平以进行恢复和保持。本设计中的单元内权重存储 SRAM 实现了高度并行化的数据读取，并且不会导致存算阵列分离架构中的互联带宽压力。除此之外，由于大块的 SRAM 阵列被打散，位线上的电容负载相应降低，因此单次数据读取的能耗也得以大幅降低。

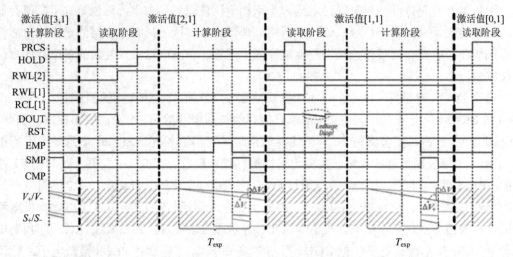

图 5.10　Senputing-MLP 内两个激活值计算过程

直接光电流计算原理有一个基本假设，即 V_+/V_- 计算节点上的电容负载相等 $(C_+ = C_-)$。然而，一般情况下用于一次 MAC 操作的"+1"和"-1"权重的数量并不一致，因此 V_+ 和 V_- 节点上连接的光电二极管的数量不同，这将导致两个节点上的电容负载不均衡。除此之外，尽管 V_+ 和 V_- 节点之间可以通过插入屏蔽线来避免互相干扰，但是它们各自版图布线对地的寄生电容却不可忽略且难以控制，这也将进一步影响计算精度。为了进行电容负载均衡，Senputing-MLP 芯片中添加了 CCAP 和 CCAN 两个补偿电容阵列，并且使用一种渐进式的策略完成电容补偿过程。

Senputing-MLP 芯片中用于计算一个激活值的一组权重中"+1"和"-1"的数量分别记为 N_+ 和 N_-，则二者的和为 1024，由于 $2N_+$ 为偶数，因此 $N_+ - N_-$ 同样为偶数。如图 5.11 所示，在 CCAP 中，64 个补偿二极管 PD_c 通过 64 个开关连接到 V_+ 节点上。由于权重中"+1"和"-1"的数量差必为偶数，因此每

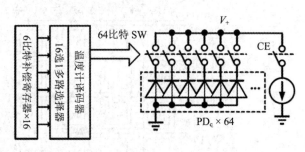

图 5.11　Senputing-MLP 芯片中 CCAP 结构

个 PD_c 的面积和电容值都是 DPCE 中光电二极管 PD 的 2 倍，这样一来，CCAP 最多可补偿权重"+1"数量比"-1"少 128 个的情况。与 DPCE 阵列中的 PD 需要做开窗处理以避免遮光不同，PD 都被多层金属覆盖住，从而避免产生光电流干扰计算。除此之外，一个恒定电流源通过一个开关连接到 V_+ 节点上，开关控制信号为 CE。CCAP 里有 16 个 6 比特的补偿寄存器组，每个寄存器组都保存着一组电容补偿参数，对应了 16 组用于 MAC 操作的权重。一个 16 选 1 多路选择器选择出其中一组寄存器，通过一个温度计译码器控制 64 个开关，从而决定连接到 V_+ 节点上的 PD_c 数量。相应地，CCAN 连接在 V_- 上，最多可补偿权重"-1"数量比"+1"少 128 个的情况，而且这两个补偿电容阵列中的电流源高度匹配。

CCAP/CCAN 的补偿寄存器的初始值均为 0，补偿过程如下：

SRAM 中读取一个激活值对应的一组权重并在 CCAP/CCAN 中选择对应的寄存器组后，V_+ 和 V_- 节点首先被预充电到 V_{PD}，然后电流源开关信号 CE 有效，两个相等的电流源将同时对 V_+ 和 V_- 节点放电。放电一段固定时间后，比较器将比较电压降 ΔV_+ 和 ΔV_-。因为两个相等的电流在同一时间段内会释放掉相等的电荷 ΔQ，因此可以根据公式 $\Delta Q = \Delta V \times C$ 来判断两个节点上电容负载的大小。根据电容比较结果，具有较低电容负载的寄存器组的最大有效位 (Most Significant Bit，MSB) 将设置为 1，从而增加 32 个 PD_c 来尝试降低两个节点上的电容差。这样的预充电、放电、比较过程将再重复 5 次，CCAP/CCAN 寄存器由高位至低位依次刷新，直到最低有效位 (Last Significant Bit，LSB) 也获得更新。这种基于二分查找的策略逐步实现 C_+ 和 C_- 的电容负载均衡。16 个权重组的补偿只需要在芯片初始化时执行一次，并且这个过程必须在黑暗中进行，以防止像素光电流的影响。补偿值存储在 16 个寄存器组中，将在每个权重读取阶段读出。这种方法不仅可以补偿权重中 "+1" 和 "−1" 数量不等引起的负载不均衡，还可以补偿互连寄生电容引起的精度问题。

5.2.2　光电流感算共融建模和分析

Senputing-MLP 芯片在模拟域进行计算操作，电路的非理想因素可能会导致计算精度下降，非理想因素主要表现为开关电阻、互连线寄生电阻和寄生电容。直接光电流计算电路可以建模为一个大型 RC 模型，如图 5.12 所示，该 RC 模型包含 PD 等效电容、开关电阻

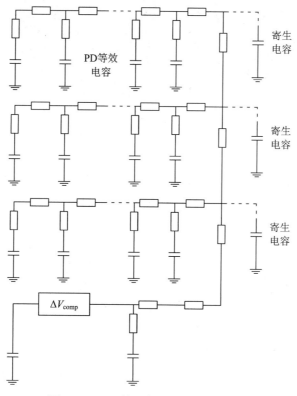

图 5.12　V_- 计算节点上的电路 RC 模型

和互连线电阻。除此之外,计算节点上还存在补偿电容与连线寄生电容。运行时,该 RC 模型中所有的电容均需要预充电至电源电压,当计算阶段开始,并且整个电路稳定时,光电二极管的光电流由连接到 V_- 节点上的所有电容共享,电流将在所有电容上引起电压的下降,但具体数值则由于互连线电阻和开关电阻而有所不同。

直接光电流计算电路中的开关电阻、互连线电阻、比较器偏差以及噪声会共同造成电路电压偏差。由于 V_- 布局设计中很少使用过孔,因此最长的电阻路径仅为 15 Ω 左右。此外,光电流值较小,为亚纳安级。ΔV_{comp} 主要来自比较器的失配,如果精心设计电压比较器,可以尽量减少偏移电压 ΔV_{comp}。

5.2.3　光电流感算共融芯片的测试与评估

Senputing-MLP 芯片采用 SMIC 180 nm 标准 CMOS 工艺流片,芯片显微照片如图 5.13 所示。图 5.14 展示了用于芯片性能测量和系统演示的系统平台,该系统平台用于在不同供电电压和曝光时间下评估精度和功耗。

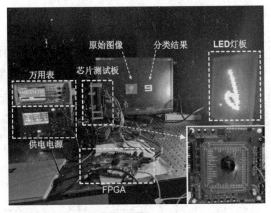

图 5.13　Senputing-MLP 芯片显微照片　　图 5.14　Senputing-MLP 芯片测试系统平台和暗室测试环境

平台右侧是可编程 32 × 32 发光二极管 (Light Emitting Diode,LED) 灯板,该 LED 灯板用于提供可变图像输入,所有 LED 器件均由各自的驱动芯片独立控制,以确保灯板显示稳定的图像,不会出现周期性的刷新和频闪效应。Senputing-MLP 芯片在传感模式下输出原始图像,或在计算模式下完成一个两层二值 MLP 模型的第一层计算。FPGA 控制芯片的模式切换,并且在传感模式下缓存原始图像数据,之后在显示器上显示,或在计算模式下完成 MLP 的第二层计算。在实验测试中,两种模式交替激活,在一个屏幕上同时显示捕获的实时图像和分类结果。准确率评估使用了 MNIST 数据集的子集,其中包含 10 类,共 10 000 张图像,在计算机上训练得到的分类准确率为 94.32%。由于实际成像系统中 LED 显示以及图像对准存在一定偏差,芯片采集的图像与 MNIST 原始数据集不完全一致,无法直接使用计算机上训练得到的模型参数进行硬件分类,因此需要使用采集的图像数据对模型进行重训练。图 5.15 展示了硬件评估过程。首先,Senputing-MLP 芯片在传感模式下工作,并使用捕获的原始图像数据训练整个模型,得到的训练准确率记为 Acc_ soft，并将此值作为后续评估的基准。然后，将训练得到的权重加载到 Senputing-MLP 芯片和 FPGA 上，芯片切换到计算模式进行硬件分类，分类准确率记为 Acc_chip1。同时，使用 Senputing-MLP 芯片输出的第一层激活值单独重训练第二层权重。最后，将更新的第二层权重加载到 FPGA 上，再次评估系统，所得的分类准确率为 Acc_chip2。

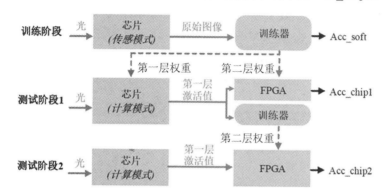

图 5.15　Senputing-MLP 计算模式下训练与测试过程

权重加载到芯片上后，进行计算前必须在黑暗环境中完成一次性电容补偿。图 5.16 展示了两个权重组利用渐近式电容补偿方法时的测量波形。权重组 1 中"−1"的数量比"+1"多 82，因此理论上应在 V_+ 节点上连接 41 个 PD_c；然而实际补偿结果是在 V_+ 节点上连接了 39 个 PD_c。这种偏差是由于自适应渐进补偿方法把各种寄生电容引起的负载不平衡一起补偿了。

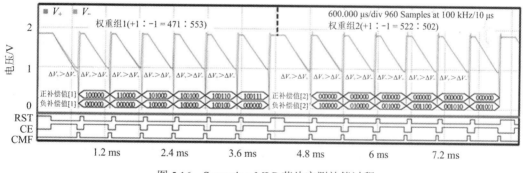

图 5.16　Senputing-MLP 芯片实测补偿过程

Senputing-MLP 芯片的计算精度在 MNIST 数据集分类任务上评估，实验中使用了 10 类共 10 000 张数字图像的子集，采集原始图像后在计算机上的训练准确率 Acc_soft = 94.93%。在未进行电容补偿的情况下，当 $V_{PD} = V_{SRAM} = 1.8\ V$，$T_{exp} = 3760\ \mu s$ 时，Acc_chip1 仅有 32.58%，这说明电路几乎不可能完成正确的计算功能。经过补偿过程后，Acc_chip1 增加到 93.83%。

除此之外，Acc_chip1 在固定曝光时间 (T_{exp}) 下，随供电电压 (V_{PD} 和 V_{SRAM}) 的变化情况如图 5.17(a) 所示，在供电电压从 1.8 V 降低到 0.8 V 的过程中，Acc_chip1 的下降可以忽略不计，但进一步降低供电电压会导致 Acc_chip1 急剧下降。而且，曝光时间越长，则准确率越高，并越能承受电压降低带来的影响。图 5.18(a) 说明了 Acc_chip1 在固定电压值下随着曝光时间变化的趋势。因为 V_+ 和 V_- 节点上的电压差代表 MAC 运算结果,且此差值与曝光时间呈正比,所以延长曝光时间有利于提升 Acc_chip1。此外,Senputing-MLP 芯片以全动态方式执行计算,不受供电电压的影响,因此降低供电电压导致 Acc_chip1 下降很小。然而,在不断降低供电电压的过程中,晶体管参数的扰动和失配变得更加剧烈,因此在低供电电压下 Acc_chip1 迅速下降。Senputing-MLP 输出的第一层激活值被用来微调第二层权重,并重新评估系统,所得的分类准确率记为 Acc_chip2。图 5.17(b) 和图 5.18(b) 分别展示了 Acc_chip2 随供电电压和曝光时间变化的趋势。与 Acc_chip1 相比,Acc_chip2 在供电电压和曝光时间的所有组合上都有提升。

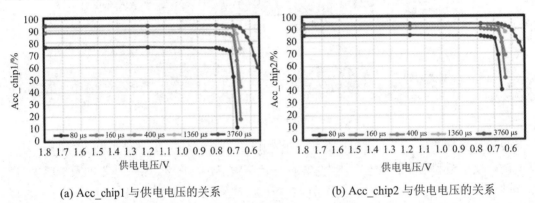

(a) Acc_chip1 与供电电压的关系　　　　(b) Acc_chip2 与供电电压的关系

图 5.17　Senputing-MLP 分类准确率和供电电压的关系

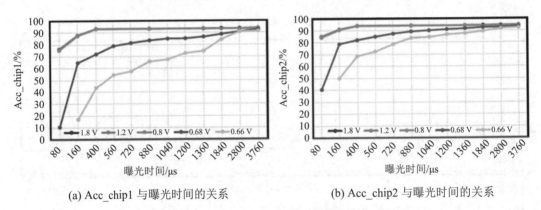

(a) Acc_chip1 与曝光时间的关系　　　　(b) Acc_chip2 与曝光时间的关系

图 5.18　Senputing-MLP 分类准确率和曝光时间的关系

图 5.19 展示了计算模式下 SRAM 和 PD 在不同供电电压和曝光时间下的平均电流值。增加曝光时间会降低帧率和 SRAM 活动因子,因此通过 SRAM 的电流会降低;同时,降低供电电压可以节省这部分功耗。PD 充电电流不受供电电压影响。在固定的光照强度下,输入图像是静止的,而 V_+/V_- 节点上的光电流和电压降是恒定的,因此用于补偿损失电荷的电流 I_{PD} 也是恒定的。此外,在较小的曝光时间下,I_{PD} 略有增加,这是因为曝光时间较短的情况下比较器的工作频率较高。尽管增加曝光时

Senputing-MLP
分类准确率和
供电电压的关系

Senputing-MLP
分类准确率和
曝光时间的关系

间可以提高分类准确率并降低功耗,但会导致帧率和能效下降。因此,设计的最佳工作点为:
$V_{PD} = V_{SRAM} = 0.8$ V, $T_{exp} = 400$ μs, 此时功耗为 147.84 nW, 帧率为 156 fps, 能效为 17.3 TOPS/W。

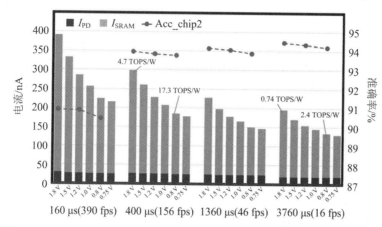

Senputing-MLP
芯片在不同
供电电压和
曝光时间下的
电流及准确率

图 5.19　Senputing-MLP 芯片在不同供电电压和曝光时间下的电流及准确率

　　未来的改进工作之一即是通过减少计算激活值的曝光时间来提升帧率,使用 CIS 专用工艺提高光电二极管器件的灵敏度也是一种有效方法。在面积方面,DPCE 里的光电二极管和 SRAM 模块分别占 9.14% 和 29.7%,其余均为互连线,未来可以通过重新组织版图结构或在几个标准像素之间共享计算单元来提高填充因子。除此之外,使用新的工艺节点或背照式 (BSI)3D 堆叠也可以减少元件面积、提高填充因子并降低功耗。改进成像质量后,Senputing-MLP 芯片不仅能够进行常开的低分辨率、低功耗识别,而且还可以完成关键事件触发后的高质量成像功能。

5.3　基于脉动阵列和伪单元填补的感算共融

　　降低系统内部数据处理、传输和转换代价是实现低功耗常开视觉处理系统的关键。前面介绍的直接光电流计算电路设计方法实现了传感与计算的深度融合,能够以极高的能效完成二值 MLP 算法的处理。然而 Senputing-MLP 芯片实现的算法固定,无法根据应用需求对网络结构进行配置。本节以直接光电流计算方法为核心,设计了支持二值卷积神经网络的 Senputing-CNN 芯片。本节先介绍芯片电路单元与脉动阵列设计,阐述单元间的互联方式与卷积计算原理。然后介绍二维焦平面上卷积核调度的方法,并提出了采用伪单元填补策略来提升调度效率,降低计算功耗。最后,介绍由此芯片配合一颗存内计算 (Computing-In-Memory,CIM) 芯片组成的完整 BNN 处理系统;芯片测试结果显示此系统能够以 4.57 μW 的超低功耗完成 120 fps 的手写数字识别任务,且感算能效比同期工作高 3.62 倍。Senputing-CNN 芯片在上一节内容的基础上进行功能扩展,以直接光电流计算方法为核心进行架构设计,从而支持任意规模的卷积神经网络算法部署,为后续支持多比特计算和系统层面的优化探索奠定了基础。

5.3.1 Senputing-CNN 芯片单元电路及脉动阵列设计

Senputing-CNN 芯片的架构如图 5.20(a) 所示，一个 32 × 32 的 DPCE 阵列和互连开关接口 (Interconnecting Switches Interface，ISI) 构成焦平面。行 / 列开关循环移位寄存器 (RSCR/CSCR) 通过提供行 / 列开关信号 (RSS/CSS) 来配置卷积维度和步幅。Senputing-CNN 芯片有两种工作模式，在成像模式下，通过传感接口输出原始图像数据；在计算模式下，完成一层卷积操作后直接输出激活值结果。为了支持卷积运算，Senputing-CNN 芯片中设计了新的 DPCE，如图 5.20(b) 所示。

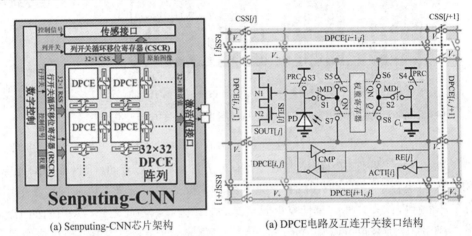

(a) Senputing-CNN芯片架构　　　　(a) DPCE电路及互连开关接口结构

图 5.20　Senputing-CNN 芯片架构及 DPCE 单元电路设计

当控制信号 MD = 0 时，单元作为标准的 3T 像素电路工作，像素值通过 N1 和 N2 输出，其中 SEL 是行共享的选择信号，SOUT 是列共享的模拟像素值输出线。当 MD = 1 时，芯片工作在计算模式。光电二极管 PD 和电容器 C_L 通过四个开关连接到两个动态电压节点 V_+ 和 V_-，并且它们的容值相等，即 $C_{PD} = C_L$。单比特寄存器存储一个二进制权重，其互补输出控制上述开关。若权重 $w = +1$，则 $Q = 1$，QN = 0，PD 和 C_L 分别连接在 V_+ 和 V_- 节点上；相反地，若权重 $w = -1$，则 $Q = 0$，QN = 1，PD 连接在 V_- 节点上，而 C_L 连接在 V_+ 节点上。相邻 DPCE 之间的 V_+ 或 V_- 节点也通过开关连接在一起，由 CSS 和 RSS 控制。若 CSS/RSS = 0，则相邻 DPCE 之间的 V_+ 或 V_- 节点的连接被切断。通过这种方式，整个焦平面可以被划分为多个块，每个块内的卷积操作可以不受干扰地独立进行。在一个卷积块内，单元间的 V_+ 或 V_- 节点连接在一起，如图 5.21(a) 所示。

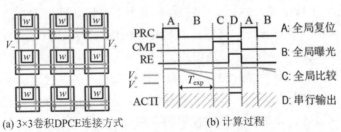

(a) 3×3卷积DPCE连接方式　　　　(b) 计算过程

图 5.21　Senputing-CNN 芯片卷积时单元连接方式与计算过程

卷积操作的计算过程如图 5.21(b) 所示。首先，信号 PRC 置高电平，PD 和 C_L 通过上拉晶体管预充电到 V_{DD}，而后 PRC 置低电平。根据每个单元内的权重配置，所有权重 $w = +1$ 对应的光电二极管连接到 V_+ 节点上，而所有权重 $w = -1$ 对应的光电二极管连接到 V_- 节点上。相应地，权重 $w = +1$ 和 $w = -1$ 对应的光电流分别聚集在 V_+ 和 V_- 节点上。由于 V_+ 和 V_- 节点是动态电压节点，在曝光时间 T_{exp} 内，这两组电流将分别引起电压降 ΔV_+ 和 ΔV_-。因为 $C_{PD} = C_L$，每个 DPCE 向 V_+ 和 V_- 节点提供了相同的电容负载，即 $C_+ = C_- = C_L$，因此这两个电压降之差与 MAC 结果呈正比。

在焦平面上，由于光电二极管的二维阵列拓扑限制，所有输入图像像素数据的位置都是固定的，这意味着卷积核必须是可移动的，这样才能对整个图像进行卷积操作。为了使任意一个卷积核可以在焦平面上的任何位置执行卷积操作，DPCE 间的连接必须可重构，而且权重必须可移动。为此，DPCE 可组织成图 5.22 所示的脉动阵列结构。Senputing-CNN 利用 DPCE 间的开关通断实现单元连接的重构，如图 5.22(a) 所示。连接横向 DPCE 的开关由一组 CSS 控制，连接纵向 DPCE 的开关由 RSS 控制，且同一列或同一行中的开关由同一信号控制。CSS 和 RSS 由两个不同的时钟触发，CSCR 和 RSCR 这两个寄存器组分别首尾相连，因此它们可以执行独立的循环移位。只有当两个 DPCE 被同一个卷积核覆盖时，两个 DPCE 之间的开关才会打开；否则，DPCE 之间的开关处于关闭状态，从而避免相互的干扰。

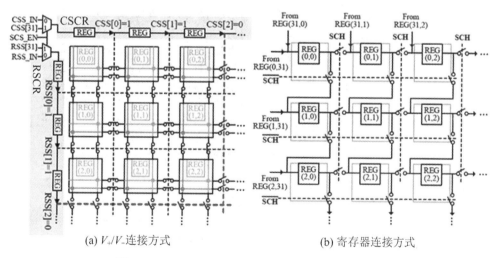

(a) V_+/V_- 连接方式　　　　　　　　　(b) 寄存器连接方式

图 5.22　Senputing-CNN 芯片内 DPCE 脉动阵列结构

卷积核滑动由另一个开关网络实现，如图 5.22(b) 所示。DPCE 阵列中的寄存器均从左到右和从上到下连接，一列 / 行中最后一个寄存器的输出连接到第一个寄存器的输入。横向开关和纵向开关由信号 SCH 控制。寄存器阵列可以在 SCH = 1 时执行循环右移，在 SCH = 0 时执行循环下移。

在进行 $W_k \times H_k$ 大小的卷积运算时，焦平面通过核边界开关分为多个包含 $W_k \times H_k$ 个 DPCE 的卷积块，每个卷积块内进行一个卷积计算并得到一个二进制激活值。此外，多个卷积核可以同时映射到焦平面上进行并行处理。图 5.23 所示为 $W_k = H_k = 3$，且卷积核数量为 4 的情况。右移寄存器数组可以将权重右移一步，右移 CSS 可以将边界开关移动一步，从而重新组织 DPCE 与卷积核在新的位置进行卷积。类似地，卷积核的下移可以通过同时下移权重寄存器阵列和 RSS 来进行。因此，所有卷积核都可以到达任意位置并在焦平面上执行卷积操作。值得注意的是，当一个卷积核跨越过图像边缘时将被割裂开而没有有效的输出。卷积操作比移位消耗更多的能量和时间，因此一帧图像上的卷积次数决定了总体能量和时间消耗。

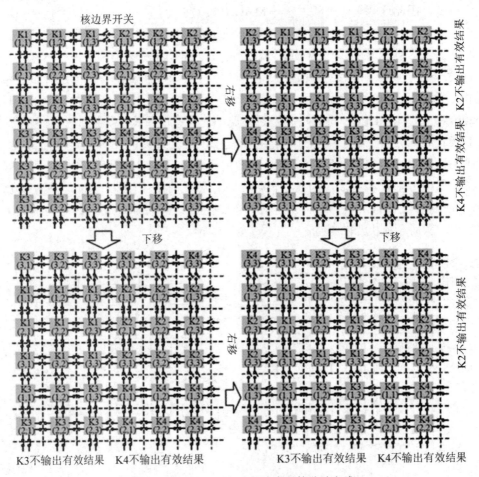

图 5.23　Senputing-CNN 芯片卷积核移动方式

上述电路和架构主要以单通道灰度图像传感器为例，然而许多视觉应用和 BNN 都以三通道 RGB 图像作为原始输入，这种情况下只需将 Senputing-CNN 稍作改动即可。如图 5.24 所示，图像传感器上覆盖红绿蓝三种滤光片，即可使不同像素接收不同颜色的光，三色的一般配置是 R∶B∶G＝1∶1∶2。取四个像素中的三个进行 BNN 计算，并用 DPCE 替换标准像素单元；剩下的一个绿色单元中只有标准像素电路，没有计算电路。这四个像素可以看成一个 DPCE 块，在焦平面上拓展开来。边界开关只放置在 DPCE 块之间，一个块中的三个 DPCE 始终连接在一起，在计算原理上，卷积和移位操作与单通道 DPCE 阵列相同。

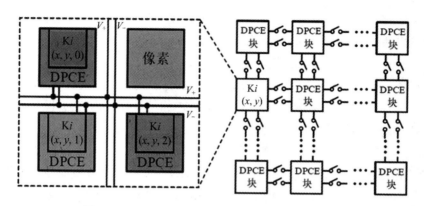

图 5.24　Senputing-CNN 架构在 RGB 情况下的应用

5.3.2　二维卷积直接映射方法

$W_k \times H_k$ 个 DPCE 通过导通的行、列开关连接来进行尺寸为 $W_k \times H_k$ 的卷积，不同的卷积核由关断的边界开关隔开以防止相互干扰。因此，焦平面上可以并行执行多个卷积操作。当整个焦平面被卷积核覆盖满时，计算并行度达到最高程度。一种简单直接的方法是在焦平面上均匀、循环地铺上全部卷积核。

以 LeNet-5 为例，算法结构中的输入图像大小为 32×32，第一层有 6 个 5×5 卷积核，初始映射过程如图 5.25 所示，K1～K6 依次在一行内排列，当一行内排满后在下一行继续。为将焦平面排满，卷积核的排布要循环多次，每个卷积核都在焦平面上映射了 6 次。因为完整的卷积核不能在最后多余的两列和两行里映射，因此这部分权重是随机无效的，且行列开关值 CSS[29∶31] = RSS[29∶31] = 0。AlexNet 的输入图像和卷积核更大，在只考虑单通道情况下，第一层有 96 个 11×11 卷积核。由于无法映射完整的卷积核，最后 7 列和 7 行处于空闲状态，因此连接这些 DPCE 的开关 CSS[220∶226] = RSS[220∶226] = 0。

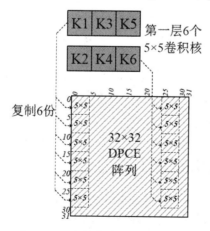

图 5.25　6 个 5×5 卷积核在 32×32 DPCE 上映射的方法

在移动卷积核时遵循"行优先"的规则，整个图像的卷积按照如下步骤执行。

(1) 一次卷积完成后所有的卷积核右移一步。

(2) 重复步骤 (1)，当所有卷积核都回到一行中的初始位置时，向下移动一步。

(3) 重复步骤 (1) 和步骤 (2)，直到所有的卷积核遍历了整个图像中的所有位置。

(4) 通过右移和下移返回初始状态。

图 5.26 展示了在 LeNet-5 中进行图像卷积的过程。LeNet-5 中第一层有 6 个卷积核，即 K1～K6，第一层的输出有 6 张分辨率为 28×28 的特征图。因为焦平面上同时有 6 个 K1 覆盖，所以每次卷积阶段在第一张特征图中最多可以获得 6 个输出，其他 5 张特征图也是如此。假设卷积核在行方向上最多可平移 b 次，$s(a, b \times a + c)$ 表示 "每次行遍历需要右移 b 次的前提下，完成过 a 次行遍历、进行过 a 次下移且额外多右移 c 次" 之后的卷积核分布状态，且将获得所有输出激活值后的状态记为 SE。LeNet-5 中第一层的整个卷积需要 4 次下移和 $32 \times 4 + 31$ 次右移，所以 $SE = s(4, 32 \times 4 + 31)$；因为行周期 ($C_r$) 和列周期 ($C_c$) 都是 32，即 $s(32, 32) = s(0, 0)$，计算结束后需要额外 1 次右移和 28 次下移来重置所有卷积核。卷积核复位后，再开始下一帧的卷积过程。

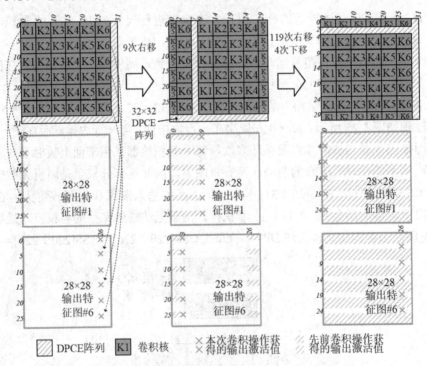

图 5.26　Senputing-CNN 芯片内 LeNet-5 中图像卷积过程

5.3.3　二维卷积核调度和伪单元填补方法

直接映射和调度方法保证了最大数量的卷积核覆盖在焦平面上，因此计算并行度最高。然而，由于图像大小、卷积核大小和卷积核数量的不同，直接映射和调度方法可能无法在焦平面上均匀且规则地分布卷积核。这导致了一些冗余的卷积，浪费了大量的能量和时间。此外，在完成一整帧图像的卷积后，需要进行几次额外的移位来对卷积核进行复位，这也增加了控制复杂度。这两个问题本质上源于卷积核在焦平面上不规则的分布。因此我们可

以采用伪单元填补 (Pseudo Unit Padding，PUP) 的映射和调度方法来弥补这一不足，使控制过程更加简单和高效。

一个伪单元中只有一个权重寄存器，没有其他的计算电路。权重寄存器仅作为权重的占位符，不能与 DPCE 连接进行卷积操作。因此，它的面积很小，只有一个 DPCE 面积的 1/50 左右。伪单元填补 (Pseudo Unit Padding，PUP) 方法是指在焦平面的右侧和底部填充伪单元，直到卷积核的分布在行方向和列方向上都呈周期性排列。图 5.27(a) 显示了使用 PUP 方法的 LeNet-5 映射方案，通过在底部放置三行伪单元将 C_c 更改为 5，在右侧放置 28 列伪单元将 C_r 更改为 30。因此，整个图像在 SE = $s(4，30 \times 4 + 29)$ 状态下就可以完成整张图像的卷积，而且仅用一次右移和下移就可以重置所有卷积核，这是因为 $s(5，30 \times 5) = s(0，0)$。图 5.27(b)、(c) 还展示了使用较少伪单元的另外两种填充和映射方案。对于 AlexNet，如果在焦平面底部和右侧分别填充 40 行和 40 列伪单元，就可以使卷积核的分布更加规则，如图 5.27(d) 所示，这种情况下 $C_r = 264$，$C_c = 440$，SE = $s(43，264 \times 43 + 263)$。由于 $s(44，264 \times 44) = s(0，0)$，一张图像卷积结束后一次右移和一次下移就可以重置所有卷积核。此外，由于在伪单元的帮助下卷积核的分布更加规则，因此整个过程中不存在冗余计算。与直接调度方法相比，卷积一张图像所需的移位次数减少了 7%。

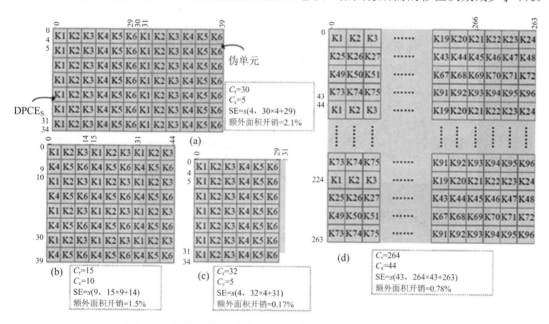

图 5.27　伪单元填补下的 LeNet-5 和 AlexNet 初始映射方法

5.4　与存内计算结合的二值神经网络处理系统

传统数字处理系统中主要包含两部分功耗瓶颈，一部分来自 CIS 端像素处理和模数转换操作，另一部分来自处理端大量的片上数据访问操作。为了从系统角度全面降低处理功耗，可以利用 Senputing-CNN 芯片和电流模存内计算 (Computing-In-Memory，CIM) 芯片搭建一个完整的超低功耗二值卷积神经网络视觉处理系统，其整体架构如图 5.28 所示。此系统可以单独完成常开的分类任务，在 Senputing-CNN 芯片中，焦平面中的光电流直接用于卷积运算，将第一层激活值输出到电流模 CIM 芯片以进行后续层处理。在该系统中，Senputing-CNN 芯片通过传感和计算的深度融合来降低原始图像的转换能耗，同时 CIM 芯片通过大幅减少数据访问来提高后续计算能效。图 5.28 还展示了 CIM 芯片的架构，它由 4 个 SRAM 组、1 个控制器和两个分别用于存储激活值和指令的缓存组成。每个 SRAM 组由 4 个 32×64 的存算单元子矩阵 (MAT) 组成，该子矩阵可以完成乘法操作。除此之外，还有一个神经元阵列用于实现累加，一个比较器阵列用于实现非线性激活。在本系统使用的 BNN 模型中，权重被量化为 +1 和 −1，激活值被量化为 +1 和 0。

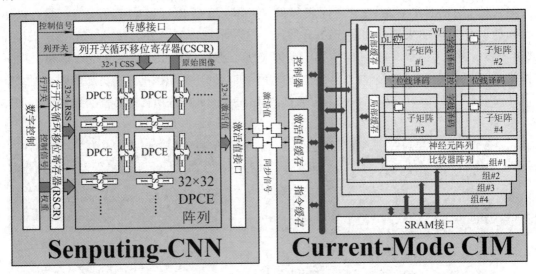

图 5.28 Senputing-CNN 与 CIM 芯片组成的 BNN 处理系统

5.4.1 存算单元电路结构

图 5.29(a) 展示了存算单元子矩阵的结构，32×64 的 MAT 有 8 个并行计算通道，每个通道包含 32×8 个 9T 存内计算单元。图 5.29(b) 展示的 9T 存算单元由一个标准 6T 结构的 SRAM 单元和一个开关电流源组成。一行 9T 单元中的电流源由同一条驱动线 (DL) 控制，该驱动线通过栅极电压水平传播将二进制数据输入一行单元内。若输入激活值 x 为 +1，则 DL 将由固定电压 V_{on} 驱动；若输入激活值 x 为 0，则 DL 电平将被拉低到 GND，此时一行单元内的电流源都被关闭。二进制权重存储在 6T 结构的 SRAM 单元中并控制 3T 电流源中的电流方向，若存储的权重 $w = +1$，则 $Q = 1$，$QB = 0$，3T 电流源中的电流将会对 BL 放电；若存储的权重 $w = −1$，则 $Q = 0$，$QB = 1$，3T 电流源中的电流将会对 BLB 放电。由于 BL/BLB 被同一列单元共享，这些单元中的电流将会在 BL/BLB 上累加，且权重 $w = +1$ 对应的电流将在 BL 上累加，而权重 $w = −1$ 对应的电流将在 BLB 上累加，并且两条位线之间的电流差与 MAC 结果呈正比。

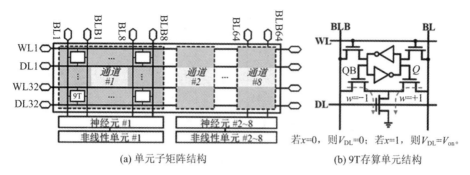

(a) 单元子矩阵结构　　　　　　　　　　(b) 9T存算单元结构

图 5.29　CIM 芯片内单元子矩阵结构和存算单元电路

图 5.30 解释了将卷积层映射到 CIM 芯片的方法。纵向两个 MAT 垂直拼接从而对通道维度进行扩展，这种情况下一个 SRAM 组内的 4 个 MAT 可以构成 16 个 64×8 通道。每个通道存储不同的卷积核参数，在每个计算周期中，输入特征被展平为一维向量，通过每行的 DL 接口输入阵列中。由于每行存内计算单元使用同一条 DL 线，因此输入的数据被 16 个通道共享。图 5.30(a) 展示了使用一个 $5 \times 5 \times 16$ 卷积核对 16 个输入特征图进行卷积的情况。每个卷积核通道中的 5×5 权重参数纵向存储在各 MAT 位置靠前的单元格中，而偏置 b 存储在后面剩余的单元格中。每个计算通道内采用"列间串行，列内并行"的方式逐周期地完成卷积操作。在每个计算周期中，每个通道里仅一列单元参与激活值部分和的计算，神经元电路采样此列单元位线 BL/BLB 上的计算结果并在内部累加暂存。在神经元电路完成部分和累加后，计算结果将被发送到非线性电路进行二值化非线性激活。此电路计算过程对应的算法处理如图 5.30(b) 所示，在每个计算周期中仅取部分输入激活值进行乘累加，经过多周期计算完成整体卷积过程。在计算全连接层时，输入向量被分成多个子向量，每个子向量的长度与 MAT 的输入总线长度相同。图 5.30(c) 中的仿真结果展示了一个具有 4 个计算周期的层的计算过程。

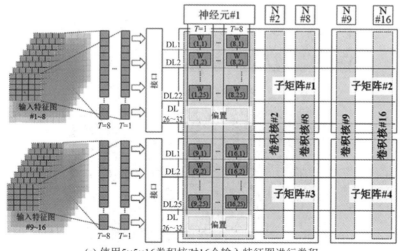

(a) 使用5×5×16卷积核对16个输入特征图进行卷积

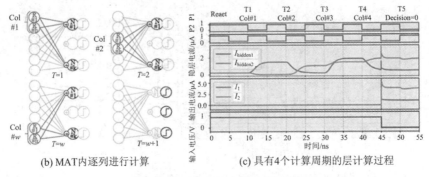

(b) MAT 内逐列进行计算   (c) 具有 4 个计算周期的层计算过程

图 5.30   CIM 芯片中的卷积过程

5.4.2   芯片设计测试和功能验证

Senputing-CNN 和 CIM 上述两个原型芯片采用 TSMC 65 nm CMOS 工艺成功流片，芯片显微照片如图 5.31 所示，其中 Senputing-CNN 芯片的面积为 1.3 mm × 1.0 mm，CIM 芯片的面积为 1.4 mm × 2.4 mm。使用一个 4 层二值 BNN 对 MNIST 手写数字进行分类，搭建的测试和功能演示系统如图 5.32 所示。由于 Senputing-CNN 芯片实现了传感和计算的深度融合，在进行图像采集和第一层卷积计算时实现了 6.59 TOPS/W 的感算能效。电流模 CIM 芯片中的 4 个 SRAM 块执行后续 3 层神经网络，其中第 2 层卷积和全连接层共享一个 SRAM 块，第 3 层卷积占用其他 3 个 SRAM 块。CIM 芯片将存储和计算进行了紧密结合，消除了权重读取过程，计算效率最高达到 27.8 TOPS/W。由于感算芯片需要多次曝光，第一层处理是整个系统的速度瓶颈，系统运行实时分类功能时 CIM 芯片将被间歇式唤醒，在等待第一层激活值输出过程中维持功耗极低的数据保持状态。

图 5.31   Senputing-CNN 与 CIM 芯片照片

图 5.32   完整 BNN 系统功能验证及测试照片

图 5.33 展示了 Senputing-CNN 与 CIM 芯片的功耗分解图。Senputing-CNN 芯片中大部分能量消耗在了两计算节点的充电上，其余用于寄存器移位；CIM 芯片中大部分能量消耗在了存算阵列中，其余用于直流偏置和控制。系统在 120 fps 的帧率下的功耗为 4.57 μW，分类准确率为 98.1%，通过比较，Senputing-CNN 的感算能效比代表性工作提升了 3.62 倍。

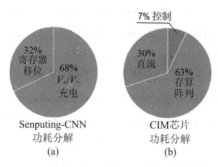

图 5.33　Senputing-CNN 与 CIM 芯片功耗分解

▶▶ ⓐ 课程思政

1. 随着感算共融技术的发展，可以实现医疗数据的实时监测和远程诊疗，结合生活实际谈谈感算共融技术对于中国特色社会主义的健康中国建设有何意义。

2. 结合本章知识和生活实际，谈谈如何推动感算共融技术在智能交通中的应用，改善城市交通拥堵和安全问题，提升出行体验。

3. 结合本章知识和生活实际，谈谈如何发挥感算共融技术在智能能源管理中的作用，推动能源转型、节能减排和可持续发展。

▶▶ ⓐ 拓展思考

1. 感算共融技术如何在医疗领域发挥作用？它能够如何帮助医生制订更好的诊断和治疗方案？

2. 在教育领域，感算共融技术如何改变学生的学习体验？它能够如何提供个性化的学习支持和辅助教学？

3. 在娱乐和媒体领域，感算共融技术能够创造怎样的沉浸式体验？它如何影响游戏、虚拟现实和增强现实等领域的发展？

4. 感算共融技术对社交互动和人际关系有何影响？它能够如何改善远程工作、远程会议和远程交流的体验？

▶▶ ⓐ 本章参考文献

[1] CHIOU A Y C, HSIEH C C. An ULV PWM CMOS imager with adaptive-multiple-sampling linear response, HDR imaging, and energy harvesting[J]. IEEE Journal of Solid-State

Circuits, 2019,54(1): 298-306.

[2] YUAN Z, LIU Y, YUE J, et al. Sticker: An energy-efficient multi-sparsity compatible accelerator for convolutional neural networks in 65 nm CMOS[J]. IEEE Journal of Solid-State Circuits,2020, 55(2): 465-477.

[3] CHEN Z, ZHU H, REN E, et al. Processing near sensor architecture in mixed-signal domain with CMOS image sensor of convolutional-kernel-readout method[J]. IEEE Transactions on Circuits and Systems I: Regular Papers, 2020, 67(2): 389-400.

[4] OMID-ZOHOOR A, YOUNG C, Ta D, et al. Toward always-on mobile object detection: Energyversus performance tradeoffs for embedded hog feature extraction[J]. IEEE Transactions on Circuits and Systems for Video Technology, 2018, 28(5): 1102-1115.

[5] RUSSAKOVSKY O, DENG J, SU H, et al. ImageNet large scale visual recognition challenge[J]. International Journal of Computer Vision, 2015, 115(3): 211-252.

第 6 章　智能感知电路的误差补偿和混合精度片上系统设计

智能感知电路是一种用于处理感知任务 (如图像识别、语音识别等) 的电路系统。由于电子元器件的制造和工作环境等因素的影响，智能感知电路在运行过程中可能会出现误差，从而影响其性能。为了提高智能感知电路的准确性和可靠性，误差补偿技术和混合精度片上系统设计被广泛应用。误差补偿技术是一种通过在电路中引入校正电路或算法来减小误差的技术。例如，在模拟电路中，由于工艺、温度等因素的影响，器件参数可能发生偏移，从而导致电路性能下降。误差补偿技术可以通过测量器件参数的实际值，并将实际值与预期值进行比较，然后在电路中引入校正电路或算法，以补偿这些偏移，从而提高电路的性能。在数字电路中，误差补偿技术可以通过纠错编码、校验等方式来检测和纠正数据传输中的错误，从而提高系统的可靠性。混合精度片上系统设计是一种将不同精度的计算单元或数据表示方式结合在一起的设计方法。例如，可以将高精度的计算单元用于处理关键路径上的计算，而将低精度的计算单元用于处理非关键路径上的计算，从而在保证系统性能的同时降低功耗和减小面积。此外，还可以使用低精度的数据表示方式来减少数据存储和传输功耗，从而提高系统的运行效率。

6.1　算法与智能感知电路系统设计的关系

在正式介绍智能感知电路的误差补偿技术之前，首先介绍算法与智能感知电路系统设计的关系，这是因为算法是智能感知电路的核心驱动力。智能感知电路是一种能够感知和处理外部信息的电路系统，而算法是实现智能感知电路功能的关键。依赖于算法的设计和优化，智能感知电路可以实现对传感器数据的处理、决策和控制。因此，在介绍智能感知电路的误差补偿技术之前，先介绍算法与智能感知电路的关系，可以帮助我们深入理解智能感知电路系统的工作原理和技术特点。

具体而言，智能感知电路首先通过感知模块获取外部信息，然后通过处理模块对这些信息进行处理和分析，最后通过控制模块实现相应的决策和控制。而这些处理和决策过程的实现都依赖于算法。算法作为智能感知电路的核心，决定了智能感知电路的性能和功能。而且，优化算法可以提升智能感知电路的性能，如提高智能感知电路的感知精度、处理速度、能耗效率等；同时智能感知电路的性能直接受限于所采用的算法。通过对算法进行优化和改进，可以进一步提升智能感知电路的性能和稳定性，从而增强误差补偿技术在智能感知电路中的应用能力。智能感知电路与算法之间存在紧密的配合关系。好的算法需要根据智能感知电路的硬件特点和应用场景进行设计，而智能感知电路的硬件实现也需要合理算法的支持。算法与智能感知电路之间的协同作用，使得智能感知电路能够充分发挥其功能和性能。

6.1.1 算法对智能感知电路系统的影响

在功耗优化方面，算法对智能感知电路系统的功耗有着直接的影响。不同的算法在实现相同功能时，其计算复杂度、存储需求以及通信开销等都可能不同，从而导致智能感知电路系统的功耗不同。优秀的算法设计可以通过优化算法的计算复杂度、减少存储需求以及优化通信机制等方式，降低智能感知电路系统的功耗，提高系统的能耗效率。

在性能提升方面，算法对智能感知电路系统的性能也有着直接的影响。不同的算法在处理相同的输入数据时，其处理速度、感知精度、鲁棒性等性能指标可能不同。优秀的算法设计可以通过提高算法的计算效率、优化数据处理流程、提高感知精度等方式，提升智能感知电路系统的性能，使其能够更加准确、高效地进行感知和决策。

在实时性要求方面，智能感知电路系统在许多应用场景中需要满足实时性的要求，即在有限的时间内对输入数据进行处理和决策。而算法对实时性也有着直接的影响。一些复杂的算法可能需要较长的处理时间，从而导致智能感知电路系统无法满足实时性的要求。因此，在算法设计时需要考虑实时性的要求，选择适合实时应用的算法，或者通过优化算法的计算速度和处理流程等方式，提高智能感知电路系统的实时性。

在系统稳定性方面，算法对智能感知电路系统的稳定性也有影响。一些复杂的算法可能对输入数据的质量、噪声等要求较高，对输入数据的变化较为敏感。若算法设计不合理，则可能导致系统对噪声或异常数据的处理出现错误，从而降低系统的稳定性。因此，在算法设计时需要考虑系统的稳定性，选择适合的算法，并对算法进行充分的测试和验证，保证系统在复杂环境下的稳定运行。

6.1.2 卷积神经网络的可容错特性和重训练机制

卷积神经网络 (CNN) 是一种在计算机视觉和图像识别任务中广泛使用的深度学习模型。CNN 具有可容错 (Fault-tolerant) 的特性，该特性使其在处理图像时能够在一定程度上容忍输入数据的噪声、干扰或其他异常情况，从而提高了模型的鲁棒性和可靠性。

CNN 可采用局部连接和权重共享的策略，即在卷积层中，每个神经元仅与其输入图像区域的局部感受野 (Receptive Field) 连接，并且多个神经元共享相同的权重参数。这种设计使得 CNN 对输入数据中的小范围平移、旋转、缩放等变化具有一定的容忍性，因为同一个特征在图像的不同位置可以通过共享的权重参数被多个神经元检测到，从而提高了模型的鲁棒性。CNN 通常会在卷积层之间添加池化层 (Pooling Layer)，池化层主要用于降低特征图的空间尺寸。池化操作通常对输入区域进行下采样，如最大池化 (Max Pooling) 和平均池化 (Average Pooling)，从而对输入数据中的小范围变化具有一定的容忍性，因此保留了输入数据的空间信息。CNN 通常具有多层次的特征表示能力，从浅层到深层逐渐提取更高级别的特征。这种多层次的特征表示对于输入数据的噪声、干扰或其他异常情况具有一定的抵抗力。例如，低层次的特征可以对输入数据的低级别的结构和纹理进行建模，而高层次的特征可以对输入数据的更高级别的语义信息进行建模。因此，即使输入数据的一部分受到干扰，模型仍然可以通过其他层次的特征来作出正确的预测。Dropout 技术是一种常用的正则化技术，可以在 CNN 的全连接层中使用。Dropout 技术在训练过程中随机地将一些神经元的输出置为零，从而防止模型对特定神经元过于依赖，增加了模型对输入数据的噪声容忍性。

卷积神经网络的重训练 (Fine-tuning) 机制是指在已经训练好的模型的基础上，通过在新的数据集上进行进一步的训练来调整模型的权重参数，以适应新的任务或数据。重训练机制的步骤如下。

(1) 选择预训练好的 CNN 模型，该模型通常是在大规模的图像数据集上进行训练而得到的。这个预训练好的模型可以是公开可用的一些常用模型 (如 VGG、ResNet、Inception 等)，也可以是之前训练过的模型。

(2) 通常会冻结部分层的权重参数，即固定这些层的参数，不再对其进行训练。一般来说，低层次的卷积层可以保持冻结，而高层次的全连接层可能需要进行调整。

(3) 根据新任务的要求，替换原模型的输出层，包括最后一层的全连接层和 Softmax 层。新的输出层的结构和类别数量应该符合新任务的要求。

(4) 准备新的数据集，包括训练集、验证集和测试集。这些数据集应该与新任务相匹配，并且需要进行预处理，如数据增强、归一化等。

(5) 使用新的数据集，对模型进行进一步的训练。在这个过程中，新的输出层和部分未冻结的层的权重参数会被更新，以适应新的任务。通常，学习率可能需要调整，以控制参数的更新速度。

(6) 使用验证集和测试集对模型进行评估，观察模型在新任务上的性能表现。根据评估结果，可以对模型进行进一步的调整，例如调整超参数、解冻一些层进行微调等，直到获得满意的性能。

重训练机制的优点是可以利用预训练好的模型在新任务上进行快速的迁移学习，从而节省训练时间和计算资源。同时，通过在新数据上进行微调，可以使模型更好地适应新任务的特点，从而提高模型的性能。

6.2　模拟信号处理电路的误差补偿技术

不同于数字电路，模拟电路的计算精度会受到工艺、温度等因素的影响。本节先着重分析工艺偏差对模拟电路计算精度的影响，并建立高层次误差模型，然后评估运算误差对 CNN 分类系统的影响，接着给出低精度和低资源消耗的在线误差补偿技术，最后对本节提出的误差补偿技术的资源消耗和补偿性能进行实验分析。

6.2.1 模拟电路误差分析及建模

1. 误差分析

模拟电路具有很高的处理能效，它能够消除常开型智能感知系统的数据转换和传输代价。但是，其处理精度受到很多因素的影响，其中包括：

(1) CMOS 器件的非线性。CMOS 器件的非线性造成的误差可以通过电路仿真工具得到，因此很容易提取其误差模型。如果这部分误差对系统性能的影响较大，那么可以通过离线训练消除其对分类系统精度的影响。

(2) 运行过程中的温度和电压变化。运行过程中的温度和电压变化造成的影响是时变的，并且大部分可以通过片上的温度/电压传感器进行观测，并通过预设的参数映射来消除。

(3) 生产过程中的工艺偏差。由于工艺导致的误差在芯片内各个模拟运算单元中随机分布，并且芯片与芯片之间的误差情况也不相同，因此这部分误差补偿比较复杂，误差对分类系统的影响往往需要通过在线训练来消除。此外，训练系统要能方便地与模拟处理芯片相连形成训练回路，以保证当算法改变时，训练系统能够方便地对芯片进行二次校准。

由于工艺偏差造成的影响较大，并且校准复杂度较高，因此接下来着重讨论工艺偏差的影响及其补偿方法。为了方便在算法改变时训练系统对芯片进行二次校准，着重探讨如何简化在线训练过程，使其能够放置到片上或部署到板上已有的 FPGA 或 MCU 平台上。模拟运算电路的设计就是寻找合适的器件参数及各节点的电压、电流，使其工作点及瞬态特性满足设计要求。但是，由于在芯片制造过程中，刻蚀、曝光、抛光等过程都会存在一定的偏差，因此芯片的设计参数 (包括沟道宽长比、阈值电压等) 会发生变化，进而导致不同芯片以及同一芯片内的不同位置的晶体管参数存在差异，这种差异被称为工艺偏差。工艺偏差的存在会导致实际生产出来的芯片的响应特性和设计过程中通过仿真得到的响应特性存在差异，并且这种差别会随着工艺优化变得越来越严重。值得注意的是，工艺偏差对器件参数的影响是随机的，即使是位于芯片不同位置的设计参数完全一样的运算单元，其生产后的响应曲线往往也不相同。图 6.1 展示了在 SMIC 180 nm CMOS 工艺下，单位增益闭环 OTA(Operational Transconductance Amplifier) 的蒙特卡洛仿真结果，图 6.2 展示了 WTA(Winner-take-all) 的蒙特卡洛仿真结果。可以发现，由于工艺偏差的影响，运算单元的响应曲线产生了不同程度的偏差。这种偏差会导致电路运算结果和仿真时的结果存在差异，从而对分类系统的分类精度产生影响。

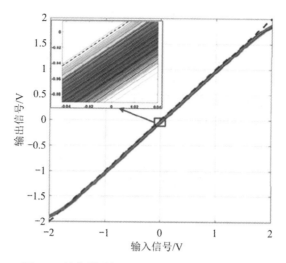

图 6.1　单位增益闭环 OTA 的蒙特卡洛仿真结果

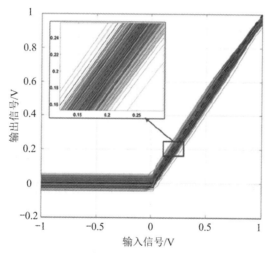

图 6.2　WTA 的蒙特卡洛仿真结果

　　模拟信号处理电路的设计就是要寻找合适的直流工作点，使电路的响应特性满足实际计算的要求，这个直流工作点主要由栅源电压 V_{GS}、尾电流 I_{DS}、沟道宽长比 W/L 等决定。由于工艺偏差的影响，晶体管参数(包括沟道宽长比 W/L、阈值电压 V_{th} 等)会发生变化，进而导致电路的传输特性发生改变，造成运算误差。CMOS 晶体管的基本传输特性可以表示为

$$i_o = g_m V_{in} \tag{6.1}$$

其中，i_o 为输出电流，g_m 为跨导，V_{in} 为输入电压。

$$g_m = \mu C_{ox} \frac{W}{L}(V_{GS} - V_{th}) \tag{6.2}$$

其中，μ 为工艺常数，C_{ox} 为等效电容。

　　工艺偏差对模拟运算单元的影响主要体现在两个方面：一是工作点偏移导致的增益误

差，即跨导 g_m 的变化；二是失配导致的零输入偏移，即 V_{in} 的变化。

(1) 增益变化。

由于工艺偏差的影响，生产后模拟运算电路的实际增益会发生变化，进而导致实际的响应曲线与仿真结果存在差异。通常使用增益误差因子 ε 来表示这种增益误差。需要注意的是，由于 CMOS 器件本身的非线性特性，ε 是一个随实际输入信号 V_{in} 变化的值。为了简化误差模型，并且不失去模型的一般性，可采用电路摆幅内的最大误差与电路输出最大信号的比值来表示此电路的增益误差因子，即

$$\varepsilon = \frac{\max(|\widehat{V_o(V_{in})} - V_o(V_{in})|)}{\max(V_o)} \tag{6.3}$$

其中，$V_o(V_{in})$ 表示输入为 V_{in} 时仿真得到的输出结果，与之对应的是实际测得的输出。图 6.3 展示了前文使用的电路的增益误差统计情况。由于所使用 OTA 的开环增益很大，因此在单位增益闭环情况下其增益误差受到工艺偏差的影响较小，标准差只有 0.04%。ReLU 单元的增益误差较大，标准差为 3.2%。

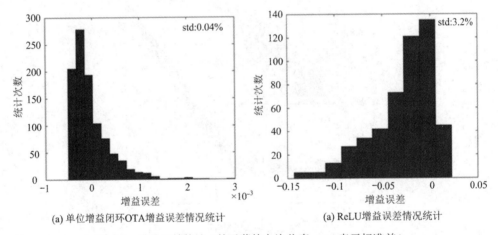

(a) 单位增益闭环OTA增益误差情况统计　　(a) ReLU增益误差情况统计

图 6.3　增益误差统计 (基于蒙特卡洛仿真，std 表示标准差)

(2) 零输入偏移。

由于同一运算单元中的不同晶体管以及前后级处理单元之间受到工艺偏差的影响不同，因此处理电路在零输入时，会产生非零的输出，如图 6.4 所示。这种非零输出可以等效到输入端进行处理。

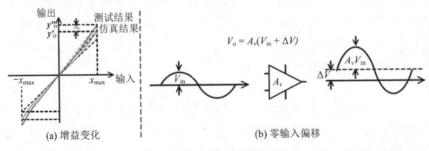

(a) 增益变化　　　　　　　　　(b) 零输入偏移

图 6.4　工艺偏差的影响示意

类似于 PSNR 的定义，可定义输入失调抑制比 (Input Offset Rejection Ratio，IORR) 来表示运算单元零输入偏移的大小，其定义为最大输出信号值与最大等效输入偏差的比值，其表达式为

$$IORR = -10\lg(\frac{\rho_{max}^2}{x_{max}^2})$$

$$\rho_{max} = 3\sigma_\rho$$

$$(6\text{-}4)$$

其中，σ_ρ 为运算单元间零输入偏移 ρ 的标准差。由于零输入偏移在运算单元之间的分布特性近似服从高斯分布，如图 6.5 所示。对于高斯分布来说，采样点落在 $[-3\sigma_\rho, 3\sigma_\rho]$ 之间的概率超过 99.7%，因此 $3\sigma_\rho$ 可以近似作为 ρ 的最大值。

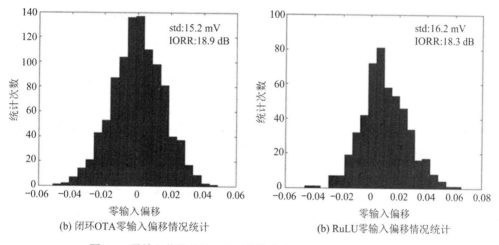

图 6.5　零输入偏移统计 (基于蒙特卡洛仿真，std 表示标准差)

2. 高层次误差模型

综上所述，将工艺偏差造成的误差可归纳如下。

(1) 对于每个操作数 x，实际输入为

$$\hat{x} = x + \rho$$

$$(6\text{-}5)$$

(2) 对于每个操作 $\phi(\cdot)$，实际操作为

$$\widehat{\phi(\cdot)} = \phi(\cdot)(1 + \varepsilon)$$

$$(6\text{-}6)$$

其中，ρ 为零输入偏移，ε 为增益误差因子。在芯片制造后，ρ 和 ε 在每个晶体管中都是固定的，但是在晶体管之间是不同的。参照电路仿真的方法，给出两种模拟 ρ 和 ε 的方法。

(1) 参照电路仿真中的工艺角仿真，在同一芯片中，将 ρ 和 ε 看作常数，均使用其最大值 ρ_{max} 和 ε_{max} 进行分析。此种方案将给出最差情况下的分析结果。

(2) 参照电路仿真中的蒙特卡洛分析，将 ρ 和 ε 看作分别服从 $N(0, \rho_{max}/3)$ 和 $N(0, \varepsilon_{max}/3)$ 的正态随机分布。此种方案将给出统计意义上的平均情况下的分析结果。

本节其他部分的仿真将基于此高阶模型，在 caffe 平台进行。

考虑到在近传感计算架构中，模拟域只进行简单的物体分类识别，所用的算法一般

为简单的小型网络，因此本节以 lenet-5(激活函数改为使用 ReLU) 和 cifar-quick 为例，对两个网络中添加不同误差后的分类准确率变化情况进行分析，如图 6.6 所示。可以发现：

(1) 相比于简单网络 (lenet-5)，更复杂的网络 (cifar-quick) 受工艺偏差的影响更大。在最差情况下，5% 的增益误差或 52 dB(最大零输入偏移为最大信号值的 0.25%) 的零输入偏移就会造成 cifar-quick 的分类准确率下降超过 1%，而对 lenet-5 来说，这一容限可以增加到 20% 的增益误差或 40 dB 的零输入偏移。平均情况下，也同样有此现象。

(2) 零输入偏移对分类准确率的影响比增益误差对分类准确率的影响大。以平均情况下的 cifar-quick 为例，34 dB(最大零输入偏移为最大信号值的 2%) 的零输入偏移造成的分类准确率的损失和 10% 的增益误差造成的分类准确率的损失相当。

(3) 对于计算电路，由于其增益误差在绝大多数情况下小于 10%，因此在平均情况分析下，增益误差对分类准确率的影响很小。但是在最差情况下，增益误差对 cifar-quick 的分类准确率的影响较大。

(4) 对于计算电路，即使是在平均情况分析下，零输入偏移对分类准确率的影响依然很大。以 lenet-5 为例，平均情况下的分析结果表明，当分类准确率降低 1% 左右时，对应的零输入偏移约为 27 dB，比闭环 OTA 的 IORR 高约 8 dB。也就是说，分类系统能够容忍的最大零输入偏移为实际运算电路零输入偏移的标准差的 1.15 倍，即在统计意义上，仅有约 75%(高斯分布在 1.15σ 处的积分概率) 的芯片误差在分类系统能够容忍的零输入偏移之内。这意味着将有接近 25% 的模拟芯片在运行 lenet-5 时，会有超过 1% 的分类准确率损失。对于 cifar-quick 来说，由于其对零输入偏移的容忍度更低，这一问题将更加严重。

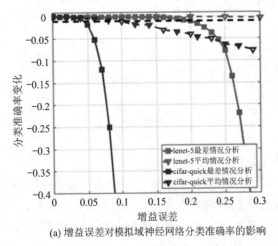

(a) 增益误差对模拟域神经网络分类准确率的影响

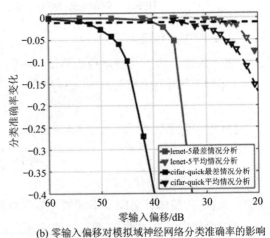

(b) 零输入偏移对模拟域神经网络分类准确率的影响

图 6.6　工艺偏差对 CNN 分类系统分类准确率的影响

6.2.2　基于低精度学习的误差补偿技术

由于工艺偏差的影响，模拟域的神经网络分类系统的分类准确率会有所降低，进而影响模拟域神经网络芯片的性能及良率。使用传统的电路校准技术会对前向分类通路带来额外的运算开销。考虑到神经网络算法具有自学习能力，因此将模拟域神经网络分类系统放入训练回路进行在线训练是解决模拟域处理偏差的常用手段。由于模拟运算和存储精度的限制，采用这种直接训练方法的算法往往非常简单，只有几个节点。然而随着算法复杂度的提升，反向传播的复杂度越来越高，对运算的精度要求也越来越严苛。直接在模拟域进行训练会导致反向通路设计复杂度高，并且容易产生不收敛的现象。

为了解决这一问题，可使用一种数字域学习补偿的方法，该方法借助数字域的精度优势和数据存储优势，使得反向学习过程的设计简单可靠。同时，借助对数量化技术、多精度权重存储技术简化反向学习过程，降低反向传播算法的运算资源和存储资源消耗，使得误差校准过程能够方便地在资源受限的嵌入式终端实现。其架构如图 6.7 所示。其主要特点如下。

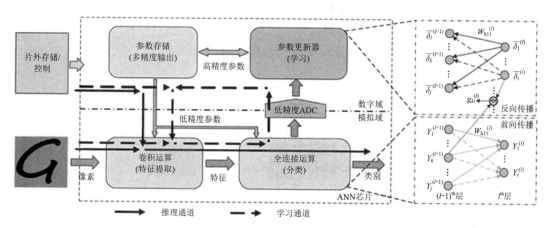

图 6.7　低精度学习误差补偿系统架构

(1) 反向学习过程在数字域进行，能够保证反向传播的运算精度，保证学习过程能够收敛。这种方式适合数字域权重、模拟域激活值的模拟域神经网络处理系统。

(2) 在预训练参数的基础上，只对网络的分类层参数进行微调，使用分类层参数变化补偿处理电路的误差。由于只调节分类层参数，反向传播的层数不会太深，从而避免反向梯度过小，方便对反向误差及梯度进行低精度量化。此外，这种微调方式能够加快学习过程的收敛速度。

(3) 对损失值和梯度值进行对数量化，降低其存储带宽，同时将反向通路的乘法运算替换为更省资源的移位运算。

(4) 多精度参数存储。分类层参数保存在高精度副本中，此高精度副本只在学习通路的参数更新过程中被使用。在推理阶段以及误差反向传播时，只使用其高位参数，以减少计算代价。

(5) 使用低分辨率的 ADC 量化分类层的神经元数据。

本节使用的反向传播算法参见 Algorithm1。

Algorithm 1: 低精度学习误差补偿方法

for $t = 0$; $t <$ step_size; $t = t + 1$ do

  // 推理阶段

  使用权重的高比特位 $W_h(t)$ 在模拟神经网络芯片上运行前向过程；

  // 在 s^{th} 层到 k^{th} 层之间进行误差传播

  for $l = s$; $l \geq k$; $l = l - 1$ do

    //将神经元激活值从模拟域转换到数字域，记为 $Y^{(l)}(t)$

    If $l == s$ then

      // 获取准确标签值 r；

      ① // 计算输出层误差倒数 $\delta^{(s)}(t)$:

$$\delta_j^{(s)}(t) = \begin{cases} \dfrac{\exp(Y_j^{(s)}(t))}{\Sigma_k \exp(Y_k^{(s)}(t))} - 1, & z_j = z_r \\[3mm] \dfrac{\exp(Y_j^{(s)}(t))}{\Sigma_k \exp(Y_k^{(s)}(t))}, & z_j \neq z_r \end{cases}$$

$$\overline{\delta_j^{(s)}}(t) = \text{Quantize}(\log_2(\delta_j^{(s)}(t))),$$

$$1 \leq j \leq N^{(s)};$$

    end

    ② 计算权重的梯度：

$$g_{ij}^{(l)}(t) = Y_i^{(l-1)}(t) << \overline{\delta_j^{(l)}}(t),$$

$$\overline{g_{ij}^{(l)}}(t) = \text{Quantize}(\log_2(g_{ij}^{(l)}(t))),$$

$$1 \leq j \leq N^{(l)}, \quad 1 \leq i \leq N^{(l-1)};$$

    If $l \neq k$ then

      ③ 误差反向传播：计算 $\delta^{(l-1)}(t)$:

$$\delta_j^{(l-1)}(t) = \phi'(X_j^{(s)})\Sigma_k W_{hkj}^{(l)}(t) << \overline{\delta_k^{(l)}}(t),$$

$$\overline{\delta_j^{(l-1)}}(t) = \text{Quantize}(\log_2(\delta_j^{(l-1)}(t))),$$

$$1 \leq j \leq N^{(l-1)};$$

    end

    ④ 更新权重：

$$W_{ij}^{(l)}(t+1) = W_{ij}^{(l)}(t) + \alpha << \overline{g_{ij}^{(l)}}(t) + \beta << \Delta W_{ij}^{(l)}(t-1)$$

$$1 \leq j \leq N^{(l)}, \quad 1 \leq i \leq N^{(l-1)};$$

  end

end

其中，$<<$ 表示移位运算，$N^{(l)}$ 代表第 l 层的神经元个数。W、W_h、ΔW 分别代表权重、权重的高 8 位以及权重的更新量。当芯片出厂或算法升级时，启动反向学习过程，让网络分类层自动学习芯片误差并进行补偿。学习完成后，关闭反向通路，只保留前向通路。由于芯片的误差已经包含在算法分类层的参数中，因此无须额外的误差补偿运算，直接运行前向通路即可得到正确的分类输出。

对数量化是一种非线性的量化方式，越小的部分量化间隔越小，越大的部分量化间隔越大。在相同数据位宽的情况下，对数量化能够表示更大的数据范围。例如，4 bit 线性量化的数据范围表示为 [-8,8)，而对数量化 (本节中，对数量化特指以 2 为底数的对数量化) 可以表示 [-128,128] 之间的数据。

考虑到在梯度下降算法 (Stochastic Gradient Descent，SGD) 中，神经网络的反向误差及权重的梯度数据范围大，但较小的数据占比高，且对梯度方向的影响较大，因此本节对反向误差及权重梯度进行对数量化，使用更少的比特数来保存这两部分的运算结果。另外，采用对数量化之后，反向能耗占比最大的乘法运算可以被替换为移位运算，以降低运算的能耗，如图 6.8 所示。对数量化可以通过计算 "1" 所在的最高位 (对于正整数) 或者 "0" 所在的最高位 (对于负整数) 实现，代价很小。

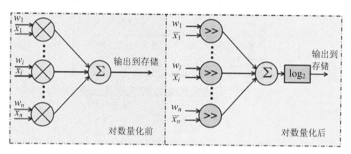

图 6.8　对数量化将乘法替换为移位运算

神经网络算法的不同阶段需要的权重精度相差很大。在前向推理阶段，8 bit 的权重对于大多数网络来说已经足够。但是在训练或者学习阶段往往需要更高的精度来保证算法收敛。图 6.9 展示了在对两个代表性网络 lenet-5 和 cifar-quick 的分类层进行微调时，不同精度的权重对学习过程的影响。可以发现，在学习阶段，lenet-5 需要 10 bit 的权重，而 cifar-quick 需要 18 bit 的权重。两者的差异一方面由网络结构引起，另一方面也与二者的学习率相关。实验所用的 cifar-quick 的学习率 (0.000 1) 比 lenet-5(0.01) 低两个数量级 (约为 7 bit)，这导致 cifar-quick 每次训练的权重更新量较小。

权重精度对学习过程的影响

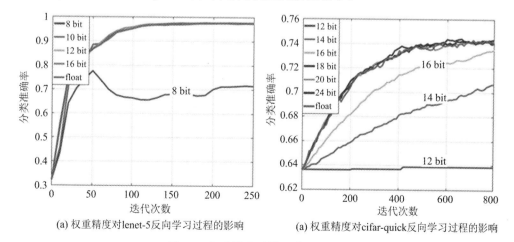

(a) 权重精度对lenet-5反向学习过程的影响　　(a) 权重精度对cifar-quick反向学习过程的影响

图 6.9　权重精度对学习过程的影响

为了适应不同阶段的权重精度需求的差异，在保证学习过程收敛的同时不对推理过程引入大的代价，本节使用多精度权重存储机制。对于不可训练的层（即卷积层），只保存低精度的权重 (8 bit)。对于可训练的层（即全连接层），保存高精度的权重。在推理阶段和学习阶段的误差传播过程中，只使用其高位数据（即高 8 位数据 W_h）进行计算。在学习阶段的参数更新过程中，使用高精度的权重 $(W_h + W_l)$，并将更新结果以高精度保存，如图 6.10 所示。

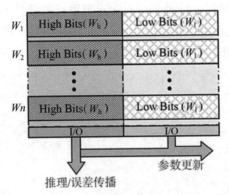

图 6.10　可训练权重存储 (W_h 为数据的高位部分，W_l 为数据的低位部分)

对于数字域权重、模拟域神经元计算系统，权重本身以数字形式参与运算，无须数模转换器将其转换到模拟域。

由于前向通路在模拟域进行，反向通路在数字域进行，因此需要将反向需要的数据（即神经元激活值）从模拟域转换到数字域。这个过程中，ADC 转换的精度越高，带来的面积和功耗代价就越大。但是，过低精度的转换也会带来算法收敛问题，如图 6.11 所示。对于 lenet-5 和 cifar-quick 这两个网络来说，6 bit 的数据转换精度已经能够保证算法收敛。

ADC 分辨率对学习过程的影响

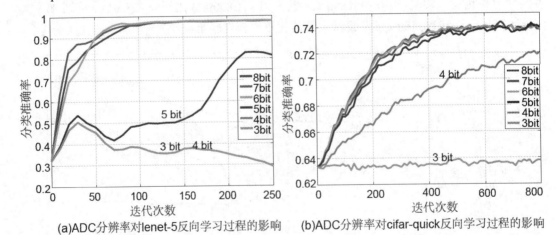

(a)ADC分辨率对lenet-5反向学习过程的影响　　(b)ADC分辨率对cifar-quick反向学习过程的影响

图 6.11　ADC 分辨率对学习过程的影响

6.2.3　低精度学习方法性能评估

高层次误差模型可借助 caffe 平台对低精度学习误差补偿方法进行评估。本节继续以 lenet-5(激活函数改为使用 ReLU) 和 cifar-quick 为例，分析低精度学习误差补偿方法的性能。参照前面论述的内容，本小节设置可训练参数的位宽为 20 bit，其中只有高 8 bit 用于前向推理和反向的误差传播；使用 6 bit 的对数量化对反向误差和梯度进行量化；ADC 数据转换位宽设置为 6 bit。

1. 增益误差补偿最差情况分析

图 6.12 展示了在最差情况下 (增益误差为固定常数) 误差补偿方法对增益误差补偿性能的分析。可以发现，低精度学习误差补偿方法与全精度学习误差补偿方法对增益误差的补偿性能相近。在最大分类准确率损失不超过 1% 的情况下，低精度学习误差补偿方法可以将系统对增益误差的容忍度提高 50%(lenet-5 的增益误差容限从 20% 提高到 30%，cifar-quick 的增益误差容限从 4% 提高到 6%)。

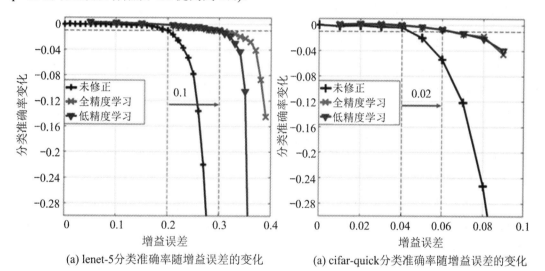

(a) lenet-5 分类准确率随增益误差的变化　　　　(a) cifar-quick 分类准确率随增益误差的变化

图 6.12　在最差情况下误差补偿方法对增益误差补偿性能的分析 (全精度指 float32)

2. 增益误差补偿平均情况分析

由于在平均情况下 (增益误差为随机分布)，lenet-5 和 cifar-quick 对增益误差的容限远高于计算系统的最大增益误差，为了节省篇幅，本节略去在平均情况下低精度学习误差补偿方法对增益误差补偿性能的分析。

3. 零输入偏移补偿最差情况分析

相比于增益误差，零输入偏移对分类系统的分类准确率的影响更大，同时工艺偏差对模拟运算电路零输入偏移的影响也更大。图 6.13 展示了在最差情况下，误差补偿方法对零输入偏移补偿性能的分析。可以发现，在最大分类准确率损失不超过 1% 的情况下，误差补偿方法可以将系统对零输入偏移的容忍度提高 5～6 dB(lenet-5 为 5 dB，cifar-quick

为 6 dB)。

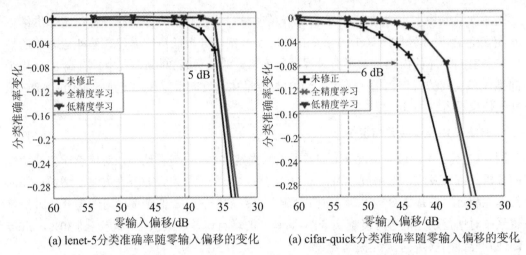

(a) lenet-5分类准确率随零输入偏移的变化　　(a) cifar-quick分类准确率随零输入偏移的变化

图 6.13　在最差情况下误差补偿方法对零输入偏移补偿性能的分析 (全精度指 float32)

4. 零输入偏移补偿平均情况分析

在平均情况下，类似于电路仿真中的蒙特卡洛仿真，使用分布为 $N(0, \rho_{max}/3)$ 的高斯分布产生每个运算单元的误差。图 6.14 展示了当模拟计算单元的零输入偏移服从 $N(0, \rho_{max}/3)$ 的高斯分布时，误差补偿方法对零输入偏移补偿性能的分析。在训练前后分类准确率损失相近的情况下 (均不超过 1%)，低精度学习误差补偿方法可以将分类系统对零输入偏移的容忍度提高 6～9 dB，即 2～2.8 倍。对于模拟计算系统来说，零输入偏移的容限的提升能够降低计算电路设计的复杂度，提升良率。如果以分类系统精度损失是否大于 1% 作为芯片工作是否正常的标准，图 6.15 展示了模拟处理芯片运行不同算法时的良率变化情况。可以发现，在使用低精度学习误差补偿方法之后，芯片的良率可以提高 25%～30%，有助于降低芯片的生产设计成本。

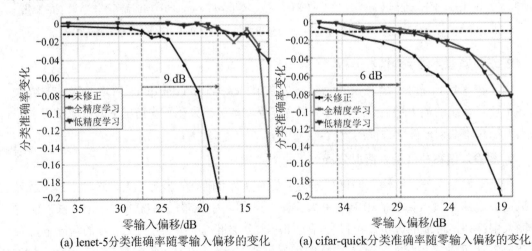

(a) lenet-5分类准确率随零输入偏移的变化　　(a) cifar-quick分类准确率随零输入偏移的变化

图 6.14　在平均情况下误差补偿方法对零输入偏移补偿性能的分析 (全精度指 float32)

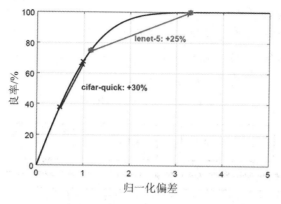

图 6.15　精度补偿提升良率

此外，由于模拟电路的失配误差的平方与晶体管面积呈正比。在给定系统最大误差容限的情况下，6～9 dB 的容限提升意味着可以将晶体管面积降低 75%～87%。75%～87% 倍晶体管面积降低可以带来 75%～87% 的寄生减少，理论上可以带来 75%～87% 的能量节省。

由于在学习过程中，模拟运算电路的误差被算法学习，并且融合到分类层参数之中。因此在学习过程完成后，低精度学习误差补偿方法不会在推理阶段引入额外的计算代价。在反向学习阶段，由于采用了对数量化和多精度参数存储，所提方法能够在反向通路节省平均 66.7% 的存储资源消耗，能够显著减少嵌入式终端的存储压力和数据搬运的功耗。同时，由于引入了对数量化机制对反向误差和梯度进行量化，可以将反向通路的乘法运算替换为移位运算，大大降低了反向通路的功耗和资源消耗。在 SMIC 180 nm 工艺下，如果在片上或者嵌入式终端上已有的 FPGA 平台上部署低精度学习误差补偿算法，与 32 位定点乘法运算相比，对数量化和移位运算的组合能够节省 90% 以上的能耗。

6.3　层次化混合精度感算共融片上系统

感算融合芯片通过专用的电路设计实现了低功耗的传感和计算。由于计算电路的输入通常直接来自传感单元，无法在多层算法内实现复用，因此通常只能完成特征提取、运动检测或神经网络第一层的计算。除此之外，模拟域感算共融电路虽能有效降低功耗，却难以实现高精度的复杂算法，因此在实际场景中单独完成感知任务成为挑战。本节结合前面几章的内容，以直接光电流计算方法为核心，介绍感算共融片上系统 Senputing-SOC。Senputing-SOC 芯片集成了混合精度感算共融模块、二值神经网络处理器和基于列数据分割的可重构低功耗 SRAM，以及 MCU 和通信模块，可以完成以二值神经网络作为前级、高精度神经网络作为后级的分层感知处理任务，实现功耗和精度的设计平衡。本节首先介绍 Senputing-SOC 芯片的架构，接着逐个介绍关键模块的功能。

6.3.1　Senputing-SOC 芯片架构设计

Senputing-SOC 芯片的架构如图 6.16 所示。其中，感算共融模块可以完成光电转换以及混合精度的计算，共有三种工作模式：

(1) 成像模式，支持直接输出采集到的原始图像。

(2) 单比特计算模式，支持二值卷积神经网络第一层计算。

(3) 多比特计算模式，支持多精度卷积神经网络第一层计算。

后两种工作模式均直接输出计算结果而非原始图像。

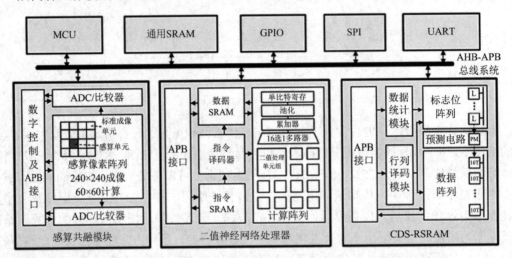

图 6.16　Senputing-SOC 芯片架构

二值神经网络处理器支持二值神经网络算法中除第一层外的后续层计算。基于列数据分割的可重构静态随机存储器 (CDS-RSRAM) 模块基于特征提取和分段预测方法支持多精度神经网络算法中数据的低功耗读取。MCU 支持模式配置等控制和多精度卷积神经网络算法中除第一层外的后续层计算。通用静态随机存储器 (SRAM) 用于感知算法之外的数据缓存。通用输入 / 输出 (General-Purpose Input/Output，GPIO) 接口、串行外设接口 (Serial Peripheral Interface，SPI)、通用异步收 / 发传输器 (Universal Asynchronous Receiver/Transmitter，UART) 负责芯片内、外部通信。芯片内采用高级高性能总线 (Advanced High-performance Bus，AHB) 和高级外围总线 (Advanced Peripheral Bus，APB) 进行模块间的通信。其中，感算共融模块、二值神经网络处理器、CDS-RSRAM 是较为创新的设计，其余为标准单元模块，可作为 Senputing-SOC 芯片的支撑模块。

Senputing-SOC 可完成片上端到端的图像采集以及分层处理算法任务，算法处理流程如图 6.17 所示。在绝大多数情况下，芯片常开工作在二值神经网络处理模式，完成粗粒度、低复杂度的感知任务，如人脸检测、车辆检测等，功耗在微瓦量级。此时感算共融模块完成光电转换以及二值神经网络第一层的计算，二值神经网络处理器完成后续层的计算。检测到关键目标后，芯片唤醒常关的后级全精度神经网络处理算法，完成细粒度、高复杂度的感知任务，如人脸识别或目标分割等，功耗在毫瓦量级。此时感算共融模块完成光电转换以及全精度神经网络第一层的计算，MCU 完成后续层的计算，CDS-RSRAM 完成神经网络中激活值和权重的低功耗读取操作。Senputing-SOC 完成了端到端的完整感知信号处理过程，该过程包括光信息采集、分层唤醒的神经网络算法。此芯片较好地实现了功耗和精度的设计平衡，其中感算共融的电路和架构设计以及低代价的二值神经网络算法实现了感知芯片常开模式下的超低功耗特性，唤醒后的全精度神经网络算法保证了整体系统的高精度特性。

图 6.17　Senputing-SOC 芯片算法处理流程

6.3.2　混合精度感算共融模块设计

感算共融模块的架构如图 6.18(a) 所示，完成感算功能的直接光电流计算单元组成了焦平面，可以支持 240×240 分辨率的成像和 60×60 分辨率的计算。阵列上下各有两组 ADC/ 比较器，其结构及数据通路如图 6.18(b) 所示，工作模式的控制如图 6.18(c) 所示。在成像模式下，模拟像素信号 SOUT 通过相关双采样 (CDS) 电路后经 8-bit 逐次逼近式 ADC(SAR-ADC) 转换成数字信号，通过 APB 接口传送至模块外的 SRAM 中。在多比特计算模式下，SAR-ADC 转换的是模拟差分信号 VOUT+/VOUT-，它们的差表示多比特卷积计算的结果。在单比特计算模式下，VOUT+/VOUT- 的模拟值经过一个超低功耗的 1-bit 比较器，比较后的结果为二值神经网络中卷积操作的单比特激活值。

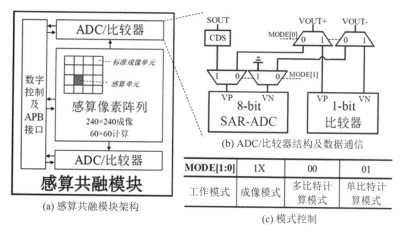

图 6.18　感算共融模块及模式切换电路

为了在不同模式下实现不同的分辨率，并完成多比特计算功能，Senputing-SOC 中设计了新的 DPCE，其结构如图 6.19(a) 所示。一个单元内包含一个计算单元和一个 4×4 的标准 3T 像素单元阵列，计算单元和其中一个 3T 像素单元固定连接在一起完成感算功能。整体焦平面包含 60×60 个 DPCE，因此在成像模式下模块输出图像分辨率为 240×240，在计算模式下完成分辨率为 60×60 的图像处理。DPCE 内计算电路的结构如图 6.19(b) 所示。其中 V_+ 和 V_- 为主要的计算节点，PRC 为预充电信号，TCL 为计算模式下曝光时间控制信号，SEL 为像素值输出选择信号，VOUTSEL 为 V_+ 和 V_- 的输出选择信号，SOUT 为模拟像素信号，VOUT+ 和 VOUT- 为模拟差分信号。其中 PRC 被全局单元共享，SEL/VOUTSEL 被一行内的单元共享，TCL 被一行内的局部单元共享，SOUT/VOUT+/VOUT- 被一列内的单元共享。单元间的 V_+/V_- 节点通过边界开关连接在一起，一行内的边界开关由同一个行开关信号 RSS 控制，一列内的边界开关由同一个列开关信号 CSS 控制。在成像模式下，开关 S1 保持断开状态，N1、N2、S2 和 PD 组成像素电路进行逐行曝光，并通过列共享的 SOUT 端口输出模拟像素值。

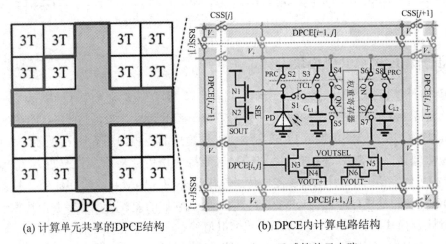

(a) 计算单元共享的DPCE结构　　　　(b) DPCE内计算电路结构

图 6.19　Senputing-SOC 内部 DPCE 及感算单元电路

在单比特计算模式下，权重寄存器存储单比特的权重。当 $w = +1$ 时，有 $Q = 1$，QN = 0，此时电容 C_{L1} 通过开关 S4 连接到 V_+ 节点上，电容 C_{L2} 通过开关 S7 连接到 V_- 节点上；相反地，若 $w = -1$，则 $Q = 0$，QN = 1，此时电容 C_{L1} 连接到 V_- 节点上，而电容 C_{L2} 连接到 V_+ 节点上。计算过程为：首先所有的 RSS、CSS 均关闭，所有单元的计算节点 V_+、V_- 均断开；然后将 TCL 信号置高电平，导通 S1，同时将 PRC 置高电平，导通 S2、S3 和 S8，并对 PD、C_{L1} 和 C_{L2} 充电至 V_{DD}；最后将 PRC 信号置低电平，曝光过程开始，此时单元内的 V_+、V_- 节点变为动态电容节点，光电二极管 PD 上的光电流根据权重寄存器内存储的权重对其中一条线进行放电，V_+/V_- 节点上的电路模型如图 6.20(a) 所示。

经过一段时间 T_{exp} 的曝光，光电流累积的电荷为

$$Q_i = I_{ph,i} \times T_{exp} \tag{6.7}$$

由于每个负载电容值都等于 C_L，电容 C_i 上的电荷为

$$Q_{Ci} = Q_i \times \frac{C_L}{C_{PD} \times C_L} \tag{6.8}$$

曝光结束后，所有的 TCL 同时置低电平，并且将同一个卷积核内的 RSS 和 CSS 置高电平，并将 V_+ 和 V_- 节点连接在一起，此时的电路模型如图 6.20(b) 所示，电荷在多个电

容间进行平均，节点上的电容负载为 $C_{\text{sum}} = NC_{\text{L}}$，其中 N 为卷积核大小，节点电压降为

$$\Delta V = \frac{\Sigma Q_i}{C_{\text{sum}}} = \frac{T_{\text{exp}}}{N(C_{\text{PD}} + C_{\text{L}})} \times \sum I_{\text{ph},i} \tag{6-9}$$

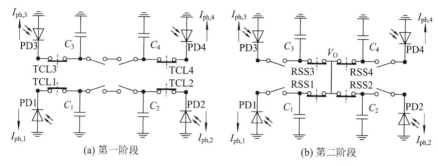

(a) 第一阶段　　　　　　　　　　　　　　(b) 第二阶段

图 6.20　感算共融模块计算阶段等效电路模型

此时，V_+ 和 V_- 两计算节点上的电压差正比于卷积中乘累加的计算结果，如下式所示。

$$\Delta V_+ - \Delta V_- = \frac{T_{\text{exp}}}{N(C_{\text{PD}} + C_{\text{L}})} \times \left(\sum_{w_i = +1} I_{\text{ph},i} - \sum_{w_i = -1} I_{\text{ph},i} \right) \propto \sum w_i x_i \tag{6-10}$$

将 VOUTSEL 信号置高电平，由 N3、N4 组成的跟随器和由 N5、N6 组成的跟随器把 V_+ 和 V_- 节点上的电压差输出到阵列外的比较器中，对两个节点上的电压绝对值进行比较即可完成二值化的非线性操作 $\text{sign}(\sum w_i x_i)$。二值的第一层计算结果通过 AHB-APB 总线系统输入二值神经网络处理器的数据 SRAM 中准备进行后续层的计算。

在多比特计算模式下，权重寄存器存储权重的符号位。当 $w > 0$ 时，$Q = 1$，$QN = 0$，此时电容 C_{L1} 通过开关 S4 连接到 V_+ 节点上，电容 C_{L2} 通过开关 S7 连接到 V_- 节点上；相反地，若 $w < 0$，则 $Q = 0$，$QN = 1$，此时电容 C_{L1} 连接到 V_- 节点上，而电容 C_{L2} 连接到 V_+ 节点上。计算过程为：首先所有的 RSS、CSS 均置低电平，所有单元的计算节点 V_+、V_- 均断开，然后将 TCL 信号置高电平，导通 S1，同时 PRC 置高电平，导通 S2、S3 和 S8，对 PD、C_{L1} 和 C_{L2} 充电至 V_{DD}；最后将 PRC 信号置低电平，曝光过程开始，此时单元内的 V_+、V_- 节点变为动态电容节点，光电二极管 PD 上的光电流根据权重寄存器内存储的符号位对其中一条线进行放电。

在单比特计算过程中，TCL 在曝光时间 T_{exp} 内一直处于高电平，相当于所有光电二极管 PD 上的光电流积分时间均相等。在多比特计算模式中，$TCLi$ 信号经过脉冲宽度调制 (PWM) 获得，其处于高电平的时间正比于权重的绝对值，即 $TCLi \propto |w_i|$。这个过程中 V_+ 和 V_- 节点上的电路模型如图 6.20(a) 所示，电路波形如图 6.21 中的 Step1 段所示。

曝光期间，TCL 信号如图 6.21 所示。曝光阶段结束后，同一个卷积核内的 RSS 和 CSS 信号置高电平，并将 V_+ 和 V_- 节点连接在一起，此时的电路模型如图 6.20(b) 所示，电荷在多个电容间进行平均，电路波形如图 6.21 中的 Step2 段所示，节点上的电容负载为 $C_{\text{sum}} = NC_{\text{L}}$，其中 N 为卷积核大小。将 VOUTSEL 信号置于高电平，由 N3、N4 组成的跟随器和由 N5、N6 组成的跟随器把 V_+ 和 V_- 节点上的电压输出到阵列外的 ADC 中，对两

个节点上的电压差进行数字化，并通过 AHB-APB 总线系统保存到 CDS-RSRAM 中准备在 MCU 内进行非线性操作以及后续层的计算。

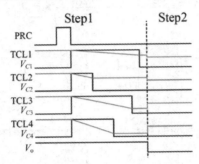

图 6.21　感算共融模块多比特计算波形

由于卷积核中各权重的绝对值 $|w_i|$ 并不相等，因此在完成卷积运算时相邻 DPCE 中的 TCL 信号无法共享。Senputing-SOC 的感算共融模块中采用了基数为 6 的信号共享方案，即一行内连续 6 个单元采用独立的 TCL 信号，从而使得距离为 6 的两个单元共享一条 TCL 信号。此方案使得感算阵列最多支持卷积核的宽度为 6，不同行间 TCL 信号组是各自独立的，因此支持的卷积核高度没有限制。

DPCE 单元间 V_+、V_- 节点和权重寄存器的连接方式与 Senputing-CNN 芯片相同，DPCE 组织成脉动阵列进行权重移位，整体结构如图 6.22 所示。RSS、CSS 可以将 DPCE 阵列划分为独立的卷积块，并且连接成循环移位的结构；单元内的权重寄存器连接成网格状，当 SCH = 1 时可以进行整体的循环右移，当 SCH = 0 时进行整体的循环下移。同时右移列控制信号、权重寄存器以及 TCL 信号即可完成卷积核的右移，下移卷积核同理。

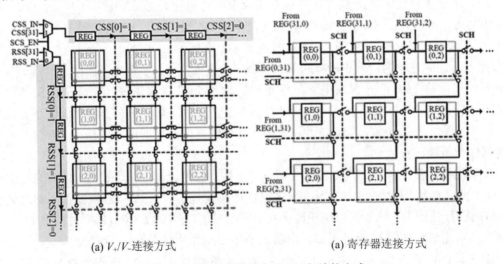

(a) V_+/V_- 连接方式　　　　　　　　　(a) 寄存器连接方式

图 6.22　感算共融模块内 DPCE 间连接方式

在卷积核映射方面，Senputing-SOC 芯片在单比特计算模式下与 Senputing-CNN 相同，即利用伪单元填补和二维卷积核调度方法完成算法映射和计算过程。在多比特计算模式下，由于 TCL 在行内局部共享，单行内必须映射相同的卷积核。如图 6.23 所示，当卷积核大小为 5×5 时，为满足以 6 为周期的排布，每个卷积核右方及下方必须分别空出一列和一行不进行映射；而当卷积核大小为 3×3 时，以 6 为周期的排布则允许一个 3×6 的 DPCE 块映射 2 个卷积核。

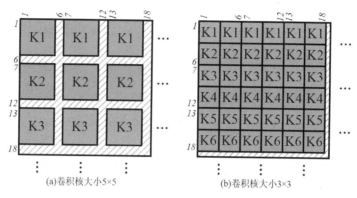

(a)卷积核大小5×5　　　(b)卷积核大小3×3

图 6.23　感算共融模块卷积核初始映射方式

6.3.3　二值神经网络处理器

Senputing-SOC 中集成了一个二值神经网络处理器，该二值神经网络处理器用于在常开的单比特计算模式下接收感算共融模块输出的第一层计算结果，并完成后续层的计算。此处理器的数据和指令的位宽分别为 32 位和 16 位，此处理器支持 3×3、5×5、7×7 的卷积，以及 2×2 的最大值池化、全连接、二值化非线性和任意大小的步长。如图 6.24 所示，此处理器主要由 APB 接口、数据 SRAM、指令译码器、指令 SRAM 和计算阵列 5 部分组成。APB 接口负责完成二值神经网络处理器与其他模块的通信，包括接收感算共融模块的第一层计算结果、接收片外输入的初始化权重和指令数据，以及输出计算结果等。数据 SRAM 存储感算共融模块输出的第一层计算结果、后续层激活值、网络权重和偏置值，其容量为 8192×32 bit。指令译码器接收指令 SRAM 的输出，对单条指令进行译码，并生成控制信号给数据 SRAM 和计算阵列以完成数据存取和计算等操作。指令 SRAM 存储一个完整网络运行时需要的所有指令，其容量为 2048×16 bit。计算阵列接收译码后的控制信号以及数据 SRAM 的输出，完成高并行度的二值化乘累加、池化和非线性等操作，将计算得到的单比特结果送回数据 SRAM。

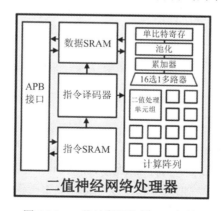

图 6.24　二值神经网络处理器架构

二值神经网络处理器计算阵列的架构如图 6.25 所示，本小节将以自底向上的顺序介绍其工作原理。

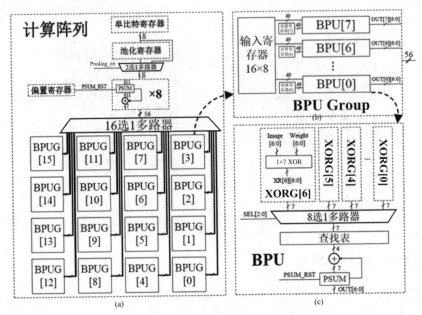

图 6.25　二值神经网络处理器计算阵列架构

二值处理单元 (Binary Processing Unit，BPU) 为卷积基本单元，可以完成一个最大为 7×7 的卷积操作，其内部结构如图 6.25(c) 所示。单元内部包含 7 个异或门组 (XOR Group，XORG)，每个异或门组由 7 个异或门组成。表 6.1 和表 6.2 展示了单比特乘法运算结果和异或门真值表，当数值 +1 映射为逻辑 0、数值 −1 映射为逻辑 1 时，二者等价，即单比特乘法可以通过一个异或门实现。因此，一个 XORG 可以并行完成 1×7 的单比特乘法。8 选 1 多路器每次选择 1 个 XORG，并将其输出的 7 个乘法结果送入查找表中。此查找表对输入的 7 个单比特数据进行求和，输出 4 比特的求和结果，送至累加器。累加器连续接收 7 个 XORG 的输出后，完成一个 7×7 的乘累加过程。

表 6.1　单比特乘法运算结果

输　入		输出
−1	+1	−1
−1	−1	+1
+1	+1	+1
+1	−1	−1

表 6.2　异或门真值表

输　入		输出
0	1	0
0	0	1
1	1	1
1	0	0

二值处理单元组 (BPU Group，BPUG) 可以并行完成 8 个 7×7 的卷积操作，其结构如图 6.25(b) 所示。一个 16×8 的输入寄存器保存输入特征图，并截取其中的 7×7 作为输出被 8 个 BPU 共享。每个 BPU 有一个独立的 7×7 权重寄存器用于保存三维卷积核中的一个维度，且 8 个权重寄存器存储不同的卷积核。8 个 BPU 共享控制信号，并行进行计算并输出结果。

BPUG 完成了一张输入特征图与 8 个卷积核同时计算的操作，实现了输出通道之间的并行。

4×4 的 BPUG 组成了顶层计算阵列，每一个 BPUG 的输入寄存器存储一张输入特征图，因此在顶层计算阵列层面实现了最多 16 个输入通道间的并行计算。BPUG 的 8 个输出通道结果经过一个 16 选 1 多路器输入 8 个累加器中，连续最多 16 个周期即可获得 8 个输出通道的结果。Pooling_en 信号决定计算结果是否要进行池化。最终的结果在单比特寄存器中暂存，进行格式整理后输入数据 SRAM。

算法映射以图 6.26 为例，输入特征图有 4 个通道，输出特征图有 2 个通道，因此卷积核为 4×7×7×2。4 张输入特征图分别被切块并读取到 BPUG[0:3] 的输入寄存器中，第 1 个 4×7×7 的卷积核分别存在 BPUG[0:3] 的 0 号权重寄存器中，第 2 个 4×7×7 的卷积核分别存在 BPUG[0:3] 的 1 号权重寄存器中。BPUG、BPU 和 XNORG 的开启数量均可以控制，从而实现输入通道、输出通道以及卷积核大小的配置，在处理小规模网络时关闭不使用的硬件资源可以进一步降低功耗。

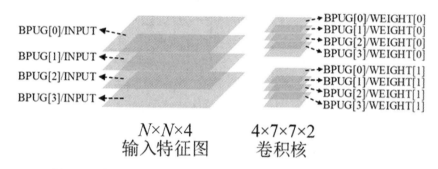

图 6.26　输入特征图和卷积核在二值神经网络处理器中的映射方法

所介绍的处理器中设置了一个指令计数器 (PC) 和 12 个通用寄存器，并且设计了一套完整的指令集用于实现灵活的数据存取以及网络结构配置。主要分为以下几类。

(1) 寄存器控制指令。如 LOAD1H、MOV 等通用寄存器的数据改写指令。

(2) 数据搬运指令。如 LOAD2、STORE 等在数据 SRAM 和计算阵列间进行数据存取的指令。

(3) 计算指令。如 BPUADD、BPUGADD 等在不同层级间进行累加的指令。

(4) 分支跳转指令。如 CMP、JUMP 等通过计数比较和跳转实现代码重复利用的指令。

6.3.4　基于数据特征和列数据分割的低功耗 SRAM

Senputing-SoC 在常开模式下运行超低功耗的二值神经网络算法，检测到关键目标后切换至高精度神经网络算法完成进一步的细分类等任务，此模式下的计算功能由感算共融模块和 MCU 完成。然而，目前数字处理系统中主要的功耗瓶颈来源于访存，有学者在 2018 年的国际固态电路会议 (International Solid-State Circuits Conference，ISSCC) 上提到数字神经网络处理器中，片上存储的存取功耗占比达到了 65%。为了降低片上 SRAM 的功耗，研究领域主要采用的方法有亚阈值电路设计、存算一体电路设计，以及数据特征适应设计。其中，基于数据特征适应设计的 SRAM 是通过在提取数据特征的基础上进行高准确率的读出预测来降低功耗的，不会出现错误读取或破坏数据等影响系统准确率的情况，适合用于以精度为首要目标的数字系统。

在 SRAM 单元中，位线 (BL) 拥有最大的电容负载，因此其频繁的翻转是 SRAM 中功耗的主要来源。图 6.27 为标准 6T SRAM 单元和 8T SRAM 单元的电路结构。标准 6T SRAM 单元采用了对称结构设计，无论读取的数据是比特 0，还是比特 1，其两条差分位线必定有一条会翻转，因此其活动因子为 100%。标准 8T SRAM 单元将读写通道分离，其读取位线采用了单端设计，使得在读取 1 比特时位线上不产生翻转，从而不消耗能量，因此 8T SRAM 在读取比特 1 占多数的数据中有天然的低功耗优势。

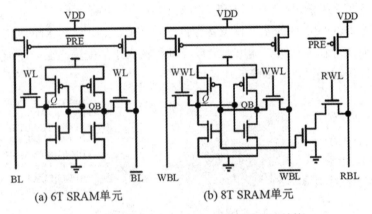

(a) 6T SRAM单元   (b) 8T SRAM单元

图 6.27　标准 6T 和 8T SRAM 单元的电路结构

这种比特 0 和 1 的不均匀分布即为一种数据特征，在图像处理中尤其突出，因为距离相近的像素值通常相差较小，而且两个像素距离越近，其像素值的相关性就越强。将一张图像切割成大小相等的像素块，其块大小可以定义为数据特征的挖掘粒度 (Exploitation Granularity，EG)。如图 6.28 所示，最小的框内 EG = 1600，而其中所有像素点的值比起其他框内要更相近。

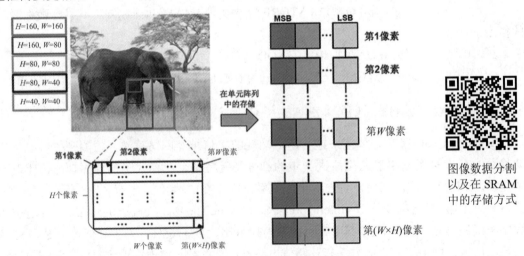

图像数据分割以及在 SRAM 中的存储方式

图 6.28　图像数据分割以及在 SRAM 中的存储方式

　　图像数据的存储过程包含两个阶段，一是要对像素值进行量化；二是将量化后的比特序列存储在存储器中。由于所述相邻像素的相关特性，二进制图像值往往在相同的有效位上相等,尤其是在权重较高的几个有效位中这一特点更加突出。有学者提出了一种如图 6.28 所示的利用量化比特相关性的存储方法，每个像素值被量化并存储在一行 SRAM 单元中，这样同一列中的单元存储的就是不同像素值中的相同有效位。为了衡量一列二进制数据的相关性大小，我们定义了比特熵 (H_{bit})：

$$H_{bit} = -\left[\frac{N_0}{N_0 + N_1} \log_2 \frac{N_0}{N_0 + N_1} + \frac{N_1}{N_0 + N_1} \log_2 \frac{N_1}{N_0 + N_1} \right] \tag{6.11}$$

其中，N_0 和 N_1 分别是一列中比特 0 和 1 的数量。H_{bit} 是衡量二进制数据相关性的有效指标，其范围在 0～1 之间，较小的值意味着 SRAM 一列中的比特 0 和 1 的数量分布更加失衡，因此更容易预测。

　　以 EG 个像素作为一个块，把图 6.28 所示的图像划分为多个块，将像素值量化为 8 位，计算所有块不同比特位的平均 H_{bit}，得到的结果如图 6.29 所示。图 6.29(a) 显示 H_{bit} 随着 EG 的减小而降低，表明每 EG 个像素中的局部数据相关性变得更强。此外，高有效位的相关性明显强于低有效位。除此之外，卷积神经网络中的激活值数据同样具有相关性，图 6.29(b) 和 (c) 分别显示了 VGG16 网络中卷积层和所有层的激活值相关性，同样随 EG 的减小逐步提升。然而，由于训练开始时的随机初始化以及训练过程中缺乏对于相关性的约束，权重的相关性极弱。图 6.29(d) 显示了 VGG16 中权重的 H_{bit}，其每一有效位的曲线都与随机数据的曲线重合，表明权重的二进制数据没有相关性并且是随机分布的。

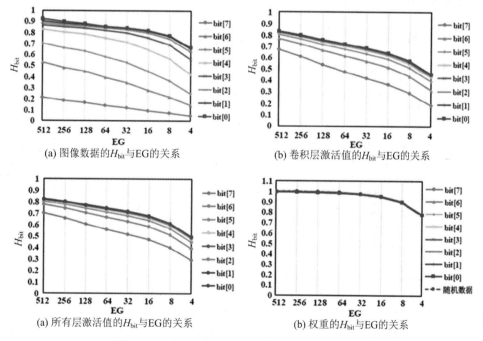

图 6.29　H_{bit} 与 EG 的关系 (以 VGG16 算法为例)

前面提到可以通过读出数据预测降低位线翻转概率，从而降低 SRAM 读取能耗。8T SRAM 单元天然具有读取 1 不消耗能量的特点，因此有学者以 8T 单元为基础设计了一种多数逻辑，具体方法是如果一个字中的比特 0 多于比特 1，那么所有位都将反转，这样可以确保在任何情况下 1 总是多于 0。除此之外，还有学者提出了一种 10T SRAM 单元和可重构 SRAM 架构来利用数据相关性，方法是在写入 SRAM 时提取数据特征，并将 SRAM 阵列配置为相应的读取预测模式，分别是预测为 1、预测为 0 和预测为上一个输出数据，从而

H_{BIT} 与 EG 的关系（以 VGG 16 算法为例）

在不同数据分布的情况下都可以通过高准确率的预测降低位线翻转概率。然而，上述工作对数据特征挖掘和利用的粒度 EG 等于 SRAM 阵列中列的大小；由于版图布局限制，在固定容量下 SRAM 中一列单元的数量不能太少；根据图 6.29 所展示的规律，更细粒度的数据相关性无法被利用起来。除此之外，现有数据特征适应的 SRAM 设计方案中没有针对神经网络权重数据进行算法和硬件的联合优化，使得相关性极差的权重数据无法利用到低功耗读取的特性。

为了对数据特征进行更细粒度的挖掘和利用，接下来介绍基于列数据分割的可重构 SRAM(CDS-RSRAM)，其架构如图 6.30 所示。输入数据通过写驱动写入数据阵列 (Data Array，DA)；同时，数据特征统计模块对输入数据进行特征提取，生成控制标志位信号并将它们写入标志位阵列 (Flag Array，FA)。在数据读取过程，这些标志位信号从标志位阵列中被读取出来从而配置预测模块 (Prediction Module，PM) 的工作模式，使数据阵列完成高准确率的预测读取并降低功耗。地址译码器为标志位阵列和数据阵列提供行选择信号。在数据阵列中，一列中的数据被划分为多个段，每段进行单独的特征提取和读取模式配置，从而充分利用细粒度的数据特征。

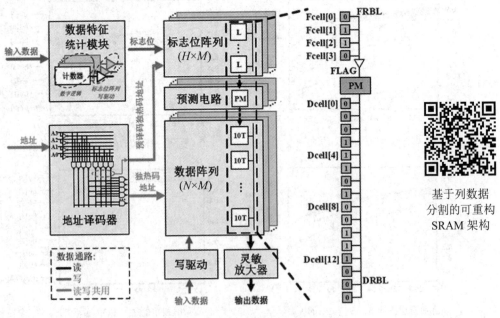

图 6.30   基于列数据分割的可重构 SRAM 架构

数据阵列和标志位阵列使用双工作模式的 10T 单元来存储数据和标志位，10T 单元

电路如图 6.31(c) 所示，该单元和 8T 单元一样将写入和读取路径分开。在写入时，写字线 (WWL) 置高电平，打开 M1 和 M2，通过它们将写位线 (WBL) 上的信号存储为 Q 和 QB。两个反向耦合的反相器，即由 M3、M5 组成的反相器和即由 M4、M6 组成的反相器保持 Q 和 QB。M7～M10 四个晶体管用于读取操作，当读字线 (RWL) 置高电平，打开 M9 和 M10 时，Q 被读出到数据读位线 (DRBL)。数据阵列和标志位阵列中的 SRAM 单元分别表示为 Dcell 和 Fcell。

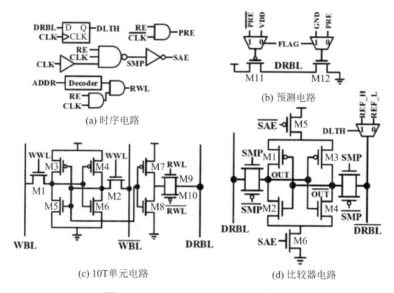

(a) 时序电路

(b) 预测电路

(c) 10T单元电路

(d) 比较器电路

图 6.31　CDS-RSRAM 功能单元电路

数据阵列中一列里所有的 Dcell 共享一个预测模块，后者包含两个晶体管和两个多路复用器，如图 6.31(b) 所示。如果 FLAG = 1，M12 保持断开，电路工作在预测 1 模式。读取前 PRE 信号置高电平，开启 M11 将 DRBL 预充电至 V_{DD}，表示预测值为 1。如果 Dcell 中存储的数据为 1，即 $Q = 1$，QB = 0，那么当 RWL 置高电平时，DRBL 将保持 V_{DD}，并且下一个预充电阶段不消耗能量。相反，如果 Dcell 存储的数据为 0，那么 DRBL 将被放电至 GND，并且下一个预充电阶段会消耗能量。因此，在预测 1 模式下读取 1 不会消耗能量，而读取 0 会消耗能量。在另一种情况下，如果 FLAG = 0，则预测电路工作在预测 0 模式，读取 0 不会消耗能量。DRBL 由 10T 单元中的反相器驱动，因此无论预测是否正确，读取的最终输出数据都一定正确。由于预测电路在一列中共享，并且大多数晶体管都采用了最小尺寸，因此其面积可以忽略不计，在一列有 512 个单元的情况下占比不到 0.5%。图 6.31(a) 和 (d) 展示了用于加速读取操作的定时电路和灵敏放大器。如果在预充电阶段结束时 DRBL 被上拉至 V_{DD}，则互补读取位线 DRBL 将连接到外部参考电压 REF_H，否则 DRBL 将连接到另一个参考电压 REF_L。REF_H 和 REF_L 分别比 V_{DD} 低和比 GND 高 10% 左右。当灵敏放大器中两个 CMOS 开关关闭且 SAE 信号激活时，两个 OUT 中较高的一个被上拉到 V_{DD}，而较低的一个被下拉到 GND。

如图 6.30 所示，标志位阵列中每一列的标志读取位线 (FRBL) 连接到对应列的预测模块。因此，标志位可以直接从 Fcell 中读取到 FRBL 后控制数据阵列中 Dcell 的工作模式。为了细粒度地利用数据特征，一个数据列中的 Dcell 被划分为多个段，这些段中的数据在写入时进行特征提取，并共享一个标志位。因此，数据挖掘粒度 EG 等于一个段中 Dcell 的数量。假设数据阵列有 $N \times M$ 个 Dcell，标志位阵列中有 $H \times M$ 个 Fcell，则一个数据列的数据被分成 H 段，每段包含 N/H 个单元，因此 $EG = N/H$，Fcell[i] 控制 Dcell[$EG \times i$:$EG \times (i+1)$] 的预测模式。

在连续将数据写入数据阵列时，数据特征统计模块对每个数据段 (即连续 EG 个比特) 的特征进行提取，并将控制标志位存储在相应的 Fcell 中。如果"1"的数量大于 EG/2，则表示比特 1 的数量多于 0，计数器将产生"1"作为该数据段的标志位，并写入相应的 Fcell；否则该数据段的标志位为"0"。在数据读取时，模块外提供指向 Dcell[$EG \times i$] 的地址以及读取信号，经由地址译码器产生的独热码地址用于选中特定的行和列。当 $N = 512$，$H = 8$ 时，前三个行地址比特可以用于产生标志位阵列中的行选信号。由于标志位阵列中行译码所需的位数少，其行地址译码将首先被完成，Fcell[i] 的 RWL 被立即被置于高电平，通过 PM 读出标志位 FLAG 并配置待读 Dcell 的预测模式。在下一时钟上升沿，Dcell[$EG \times i$] 的 RWL 被置高电平以进行数据读取，当 DRBL 上满足足够的差分电压时，将启用灵敏放大器以加快读取过程。随后对于 Dcell[($EG \times i + 1$):$EG \times (i+1)$] 的连续读取需使用相同的 Fcell[i]。FRBL 上没有预充电或预放电电路，从而保证标志位阵列中上一次读数的状态可以保持到下一次读取；因此，Fcell[i] 的后续 $EG - 1$ 个读数不需要改变 FRBL 上的电压并且没有能量消耗。图 6.32 展示了连续的 4 次读取操作。

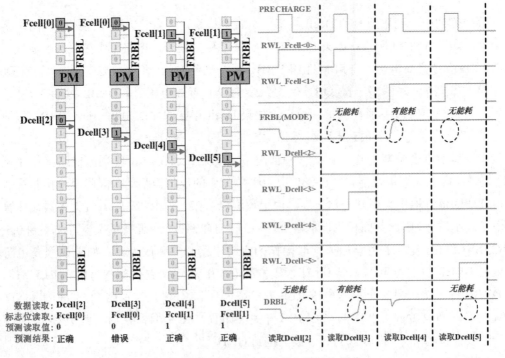

图 6.32　CDS-RSRAM 中连续 4 次读取操作

6.3.5　芯片版图及仿真分析

Senputing-SOC 在 TSMC 65 nm CMOS 工艺下进行设计和仿真，图 6.33 展示了 Senputing-SOC 芯片的版图设计及与 ISSCC2021 的性能对比。整个芯片面积为 4 mm × 3 mm，其中绝大部分为感算共融模块。芯片可以在成像模式下输出分辨率为 240 × 240 的图像，或在计算模式下进行 60 × 60 分辨率至多 8 bit 的神经网络算法处理。感算共融模块的计算功能在 Cadence Virtuoso 内进行了数模混合仿真验证，供电电压为 1.2 V，采用了与图 3.11 相同的电路级算法仿真流程，将阵列内光电二极管的光电流值设定为与图像的像素值呈正比，从而模拟芯片接收入射光后的状态；将网络权重参数输入数字控制模块以及阵列内的寄存器中，用于控制光电流的方向以及开关闭合时间。在单比特计算模式下，乘累加结果在比较器内进行单比特量化；在多比特计算模式下，乘累加结果在 SAR-ADC 内进行至多 8 比特的模数转换，且电路级的仿真计算结果均与软件计算结果一致。在单比特计算模式下，芯片感算处理能效达到 6.6 TOPS/W。在权重与激活值均为 8 比特情况下，芯片完成 4 × 4 卷积的感算能效为 0.22 TOPS/W。

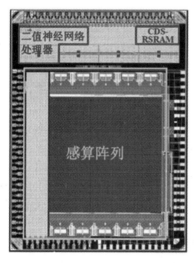

	Senputing-SOC	ISSCC2021
工艺	65 nm	65 nm
分辨率	成像@240×240 计算@60×60	160×128
算法	前级：二值CNN 后级：全精度CNN	CNN第一层
精度	权重：1～8 bit 激活值：1～8 bit	权重：1.5 bit 激活值：1～8 bit
像素尺寸	8 μm×8 μm	9 μm×9 μm
计算方式	感算融合	感算融合
最大卷积	单比特：任意尺寸 多比特：6×6	64×64
感算能效[a] (OPS/W)	1 bit: 6.6T 8 bit/4×4: 0.22T	32×32: 1.82T[b] 4×4: 0.23T[b]

a. 1 MAC = 1 Operation
b. 原文中1 MAC = 2 Operation计算下能效为3.64T/0.46T，此处进行了归一化

图 6.33　Senputing-SOC 芯片版图及性能对比

CDS-RSRAM 模块的供电电压为 1.2 V，时钟频率为 300 MHz，数据阵列大小为 512 × 256(128 kbit)，标志位阵列大小为 H × 256，因此数据挖掘粒度 $EG = 512/H$。地址译码器和数据特征统计模块的数字部分在 Design Compiler 中综合得到，其他模拟电路 (包括数据阵列、标志位阵列、写驱动、放大器和内存总线) 均在 Cadence Virtuoso 中进行电路级仿真。图 6.34 展示了在 CDS-RSRAM 的硬件架构以及 miniSND 的训练方法下，多种神经网络算法模型中激活值和权重的读取功耗。其中外围电路包括地址译码器、写驱动、放大器等。额外开销指的是数据特征统计模块功耗和标志位阵列的读取功耗。对于 CNN 模型中的激活值数据，即使在 $H = 1$ 时也能大幅降低功耗。随着

CDS-RSRAM
在 8 bit 量化神经
网络数据读取时
的性能

H 变大，数据特征会以更精细的粒度被利用，使得数据阵列读取功耗不断减少，而额外开销同时增加，主要是标志位阵列增大带来的功耗。对于权重数据，$H=1$ 时仅实现了小幅功耗降低，而 H 增加时功耗降低的幅度也在明显提升。

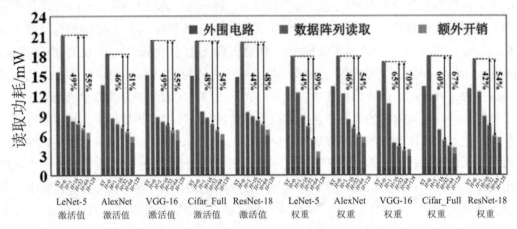

图 6.34　CDS-RSRAM 在 8 bit 量化神经网络数据读取时的性能

图 6.35 展示了在不同量化位数下训练的 VGG-16 的性能。在固定的 H 下，阵列读取功耗会随着精度的降低而降低，尤其是权重，因为低有效位被截断后，保留的高有效位相关性更强。相反，由于很多激活和权重都接近 0，降低位精度会增加 0 的比例，8T SRAM 的读取功耗会上升。与 8T SRAM 相比，在 $H=32$ 和 2 比特精度的情况下最高可节省 89% 的功耗。

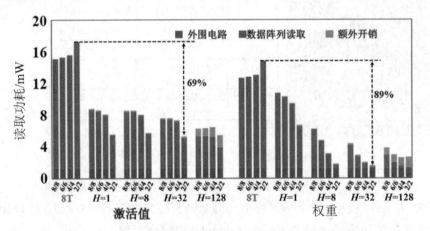

CDS-RSRAM
在不同精度神经
网络数据读取时
的性能

图 6.35　CDS-RSRAM 在不同精度神经网络数据读取时的性能

▶▶ 🎧 课程思政 ⋯⋯⋯⋯⋯⋯⋯⋯⋯⋯⋯⋯⋯⋯⋯⋯⋯⋯⋯⋯⋯⋯⋯⋯⋯⋯⋯⋯⋯⋯⋯⋯⋯

　　1. 在设计智能感知电路误差补偿系统时，如何确保对个人隐私权的充分尊重，同时提供足够的安全保障，避免信息泄露和滥用？

　　2. 结合本章知识，谈一谈误差补偿这一概念和技术手段在其他工科类研究，乃至人文类研究中的应用。

▶▶ 🔘 拓展思考

1. 在智能感知电路中，误差补偿的技术有哪些常用的方法？比较它们的优缺点和适用场景。

2. 混合精度片上系统设计如何应用于智能感知电路中？它对系统性能和功耗有何影响？

3. 误差补偿和混合精度设计在智能感知电路中的应用案例有哪些？请列举几个具体的示例，并分析它们的优势和应用领域。

4. 当前智能感知电路中误差补偿和混合精度设计所面临的主要挑战是什么？针对这些挑战，有哪些潜在的解决方案或研究方向？

5. 除了误差补偿和混合精度设计，还有哪些技术或方法可以用于提高智能感知电路的性能和精度？请比较它们与误差补偿、混合精度设计的异同点，并讨论它们的潜在应用前景。

▶▶ 🔘 本章参考文献

[1] BHAT R V, MOTANI M, LIM T J. Energy harvesting communication using finite-capacity batteries with internal resistance[J]. IEEE transactions on wireless communications, 2017,16(5):2822-2834.

[2] EISENBACH M. Large-scale calculations for material sciences using accelerators to improve time-and energy-to-solution[J]. Computing in Science & Engineering, 2017, 19(1): 83-85.

[3] DI B, WANG T, SONG L, et al. Collaborative smartphone sensing using overlapping coalition formation games[J]. IEEE Transactions on Mobile Computing, 2017, 16(1): 30-43.

[4] GANTZ J, REINSEL D. Extracting value from chaos[J]. IDC iView, 2011(6): 1-12.

[5] NEPAL K, BAHAR R I, MUNDY J, et al. Designing nanoscale logic circuits based on principles of markov random fields[J]. Journal of Electronic Testing, 2007, 23(2):255-266.

[6] 群智咨询半导体团队. 全球图像传感器 (CIS) 市场总结及趋势展望 (2021—2022)[R]. 群智咨询 (Sigmaintell), 2021.

[7] RUSSAKOVSKY O, DENG J, SU H, et al. ImageNet large scale visual recognition challenge[J]. International Journal of Computer Vision, 2015, 115(3): 211-252.

[8] KO J H, AMIR M F, AHMED K Z, et al. A single-chip image sensor node with energy harvesting from a CMOS pixel array[J]. IEEE Transactions on Circuits and Systems I: Regular Papers, 2017, 64(9): 2295-2307.

[9] KANG K, SHIBATA T. An on-chip-trainable gaussian-kernel analog support vector

machine[J]. IEEE Transactions on Circuits and Systems I: Regular Papers, 2010, 57(7): 1513-1524.

[10]　工业和信息化部 . 工业和信息化部关于印发《智能传感器产业三年行动指南 (2017—2019 年)》的通知 [EB/OL]. (2017-11-20)[2022-04-05].